COLECCIÓN COGNICIONES

Estados Modificados de Consciencia

Dirigida por
Josep Mª Fericgla

La Liebre de Marzo

El hongo y la génesis de las culturas

Duendes y gnomos:
ámbitos culturales forjados por el consumo
de la seta enteógena *amanita muscaria*

Josep Maria Fericgla

La Liebre de Marzo

Título Original:
El bolet i la gènesi de les cultures, 1985.

Primera Edición:
Noviembre 1994

Segunda Edición:
Julio 2001

Tercecra Edición:
Abril 2008

Traducción
Susana V. Santillán

Diseño Gráfico de la Colección:
Born Design Grup, S.A.

Dibujos:
Apel.les Mestres y
Neus Dalmau

Fotografías:
Josep Maria Fericgla

Fotomecánica:
Imprés, S.L.

Impresión:
Puresa S.A.

Depósito Legal:
B-40802-1994

ISBN
978-84-87403-15-6

LOS LIBROS DE LA LIEBRE DE MARZO, S.L.
Apartado de Correos 2215 E - 08080 Barcelona
espejo@liebremarzo.com www.liebremarzo.com

El mundo es todo aquello que sucede.
El mundo es la totalidad de los hechos,
no de las cosas.
La totalidad de los pensamientos verdaderos
es una imagen del mundo.

L. WITTGENSTEIN

Dedicatoria

Dedico esta obra a todas aquellas personas, magníficas o infaustas, de las cuales he aprendido algunas cosas, o muchas cosas. En especial, es una ofrenda intelectual a la Dra. Mª Jesús Buxó.

AGRADECIMIENTOS

Me siento especialmente endeudado con Pere Juvanteny, micólogo por inclinación natural, y con Jordi Joan Serra, quien, mientras yo redactaba este libro, trabajaba en el Servicio Lingüístico de la Diputación de Barcelona. Ambos, por separado, me proporcionaron abundante información micológica, en buena parte incluida en el manuscrito original de esta obra.

Agradezco también, con mucha sinceridad, a Josep Mª Bernades y Fernando Torrijos, amigos y colegas de profesión y devoción, los consejos, los ánimos y la ayuda que me han ofrecido en referencia a cuestiones formales y metodológicas.

He de expresar mi gratitud hacia el Dr. Claudio Esteva Fabregat, quien, cuando redacté la edición original de esta obra, era el Jefe del Departamento de Antropología Cultural de la Universidad de Barcelona, donde entonces yo impartía clases, por el apéndice que escribió para la versión original y por las opiniones con que me obsequió sobre algunos aspectos del estudio.

Neus Dalmau merece un reconocimiento especial por la paciencia que tuvo conmigo durante los meses de la elaboración y por las ilustraciones que realizó para esta obra.

Me siento, así mismo, especialmente tributario de la Fundación Jaume Bofill, de Barcelona, que ha patrocinado parte del presente estudio y de otros que elaboré con posterioridad a este.

También merece un reconocimiento especial de mi gratitud Susana Santillán, mi colaboradora personal a lo largo de estos últimos años, por el esfuerzo realizado para preparar esta edición en lengua castellana.

Finalmente, agradezco la actitud de todas aquellas personas y entidades que directa o indirectamente han aportado y aportan sus conocimientos y materiales para mis investigaciones regulares.

Josep Mª Fericgla

ÍNDICE

INTRODUCCIÓN A LA VERSIÓN CASTELLANA

Siempre he saboreado con agrado que las exposiciones científicas cumplan cuatro condiciones: que sean diáfanas, concretas, bonitas y sencillas. En el presente trabajo he intentado que cualquier línea tuviera la mayor cantidad posible de estos atributos, que ayudarán tanto a las personas que intenten comprender el texto, como a mí en el momento de redactarlo y corregirlo.

En cada pueblo humano existen algunas peculiaridades que son cuasi inefables, que no tienen importancia aparente, incluso suelen quedar siempre escondidas en algún rincón al tratar de describir aquella u otra población, pero que a menudo resultan ser la clave que abre las puertas a conocimientos de índole superior.

El consumo de enteógenos (antes llamados alucinógenos) y substancias visionarias que se inició en Occidente en las década de los años sesenta (1960), parecía nuevo para todos (y, de hecho, lo era para estas dos generaciones -la de la post II Guerra Mundial y la de sus hijos, pero de ningún modo para la humanidad), ha sido considerado la gran vergüenza de nuestra civilización postindustrializada de hoy, pero el interés que despertó entre científicos y eruditos en diversos campos ha permitido convertir el fenómeno en una de las claves que necesitaban los conocimientos antropológicos, psiquiátricos y artísticos para operar en un nuevo ámbito de conocimiento cuyo alcance todavía es hoy incalculable. Del estudio (y en algunos casos la aplicación) de los efectos de este consumo sobre el ser humano han nacido cosas tan interesantes como ciertos descubrimientos de las ciencias cognitivas, la psicología transpersonal, la comprensión antropológica profunda de la mayor parte de ritos extáticos de los pueblos primitivos, una mayor facilidad para viajar al interior de uno mismo, etc.

Estos estudios se insertan en una corriente de interés que existe hoy en nuestro mundo occidental -y que va en aumento- hacia los temas referidos a los procesos cognitivos relacionados con los estados modificados de la mente, que nos conducen hacia lo que C.G. Jung llamó el inconsciente de los arquetipos, y su relación e influencia en el mundo de la consciencia despierta de cada día y en cada individuo.

Las prácticas consensuadas para alterar o modificar el estado habitual de la mente han estado y están en la primera línea de interés de prácticamente todas las culturas y pueblos de la Tierra. Estos estados modificados de la consciencia, y sea cual sea la categoría cultural en que se ubiquen (religión, oracular, terapia, guerrera o todos ellas), han sido los que han generado y generan un sentimiento de unidad colectiva y pasional en los grupos humanos. Es lo que el ser humano ha descubierto y transmitido a través del núcleo original e irracional -en nuestro sentido habitual de la racionalidad lógica- de las obras de arte, de las religiones y de los estados extáticos que las justifican y fundamentan, y también de los mitos (la mitopoyesis). Así mismo, estos estados modificados de consciencia han permitido, durante una buena parte de la historia de la humanidad, aligerar las tensiones provocadas por el orden social cotidiano de marcado carácter entrópico.

Repetidamente hallamos en la historia de cada pueblo, comunidad, etnia, tribu o clan que, al emigrar a nuevos horizontes, fija como objeto prioritario de búsqueda empírica hallar nuevas fuentes vegetales o nuevos métodos para modificar los estados de consciencia ordinarios. Desde los pueblos nómadas de la prehistoria más o menos conocida hasta las últimas corrientes sociales, los pueblos han buscado aquella substancia visionaria que el nuevo ecosistema y el momento cultural les podía proporcionar: desde el hongo *Amanita muscaria* seco hasta las fenetilamidas y las hoy llamadas "drogas de diseño", básicamente extraídas de las metamfetaminas. En ello incluyo, naturalmente, a todas las órdenes monásticas cristianas que desde Oriente hasta el extremo más occidental del Viejo Mundo, lo primero que hacían al instalarse en un nuevo paisaje para evangelizarlo era promover -u obligar- el cultivo de viñas entre los nativos para poder elaborar su preciada y sacra bebida embriagante: el vino (o el champán, o los licores destilados, o, en el norte de Europa, las sabrosas cervezas de abadía, sin duda las mejores que existen).

No es extraño que R. Evans Schultes, eminente botánico que ha dedicado toda su vida activa a la investigación de las propiedades y funciones de las plantas alucinógenas, haya llegado a afirmar que el proceso es al revés de como se suele pensar: no es que cada pueblo tenga sus substancias y prácticas para modificar el estado de la consciencia, sino que alrededor de cada posibilidad para acceder a estos estados de consciencia se ha edificado una cultura, con todo el contenido simbólico y cosmológico que ello implica. Sin temor a equivocarnos, podemos afirmar que el minúsculo e inefable núcleo de cada ser humano y de cada fórmula cultural es profundamente irracional y pasional, cosa que no significa que carezca de un orden propio que le dé unidad y coherencia en la acción.

En este trabajo que ve de nuevo la luz, expongo de la manera más clara posible cómo, partiendo de los efectos psicoactivos (visuales y caracteriológicos) del hongo *Amanita muscaria*, se elaboró una iconografía antropomorfizada en forma de enanitos, duendes o gnomos, habitantes mágicos de ciertas partes de Eurasia. La existencia de estos minúsculos seres, que influían en la vida humana, se organizó en forma de mito explicativo en sus vertientes emotiva, fantástica, pasional y, especialmente, relacionado con las creencias religiosas precristianas. Estos seres propios del imaginario humano y "accesibles" a través del consumo de la seta *Amanita Muscaria*, están hoy arrinconados -para bien y para mal- en la dimensión lúdica de los juegos de nuestros niños y niñas, que los conocen a través de cuentos infantiles, de series televisivas de Pitufos, etc.

El trabajo de campo base del presente estudio, ha sido realizado en su casi totalidad en los Países Catalanes, Cataluña, territorio y cultura del noreste de la Península Ibérica que me son muy próximos. En la cultura catalana hay abundantes tradiciones ancestrales que nos hablan de la existencia de los gnomos y de su interrelación con los seres humanos, coexistencia que la cultura humana tenía claramente pautada. A pesar de ello, he dado un carácter más universalizador a las conclusiones que se entresacan e infieren del estudio, ampliación que permite realizar la confrontación de mi trabajo con los estudios de científicos que han investigado en otras áreas culturales.

Por otro lado, quiero aclarar que el objetivo original de este trabajo es la divulgación más que la erudición, aspecto éste que centro en otras publicaciones más cortas y especializadas que la presente (concretamente en FERICGLA, 1989).

Finalmente, aclarar que a la versión original (la cual estaba compuesta por una Primera Parte, una Segunda Parte y un Apéndice escrito por el Dr. C. Esteva) se ha añadido algún trabajo mío editado con posterioridad en forma de artículo y referido al uso contemporáneo del hongo *Amanita muscaria* en Cataluña. Este añadido permite ubicar mejor tal práctica tradicional y su supervivencia actual.

Releyendo el texto original y la versión castellana he hallado algunas cosas de contenido y de estilo que ahora tal vez no suscribiría de la misma manera. No son muchas, pero sí algunas, en especial referidas a aspectos teóricos de la interpretación de los mitos. Pensé arreglarlo y al final desistí: si empiezo a variar el contenido ya no será el mismo libro. De hecho, he añadido el capítulo final que en la versión original aún no existía, pero ello no significa una variación del contenido sino un enriquecimiento.

Josep Mª Fericgla
Barcelona, diciembre de 1994

PRIMERA PARTE

IDEAS

Amanita muscaria

ENTEÓGENOS

Cada habla evoluciona conjuntamente con los pueblos que se sirven de ella y constantemente se renuevan palabras y expresiones necesarias para referirse a situaciones y hechos nuevos, y se abandonan otras que se convierten en funcionalmente desvalorizadas o innecesarias. En algunos casos, las nuevas palabras han de ser inventadas o creadas, como es el caso de término “enteógenos”.

A partir de los años sesenta se extendió, en determinados segmentos sociales más vanguardistas, el uso de las denominadas “drogas alucinógenas” o “psicodélicas” creando unas nuevas categorías mentales que no estaban lingüísticamente representadas en nuestros diccionarios. Durante años se han usado términos provenientes del argot de la psicología para referirse a estos estados, con todos los problemas que comporta trasladar una palabra de contexto, arrastrando contenidos de un ámbito a otro que interfieren en la comprensión correcta del término.

Es común, todavía hoy, referirse a la alteración de las percepciones sensoriales como a una “alucinación”, y de aquí que la droga que provoca tal cambio haya llegado a ser un “alucinógeno”.[1] No obstante, el sentido original del verbo “alucinar” es “cegar, seducir o engañar”. Proviene del latín *(h)al(l)ucinari*, “divagar mentalmente o hablar sin sentido”, y es sinónimo de verbos que significan “estar loco” o “delirar”.

En el año 1979 apareció un artículo en el *Journal of Psychedelic Drugs*, firmado por prestigiosos investigadores en diversas disciplinas científicas que conciernen al tema (RUCK, 1979; citado en WASSON, 1980: 231-235), donde se proponía un neologismo recién acuñado para designar las substancias

1. El primero en usar en letra de imprenta las palabras <<alucinógenos>> y <<alucinogético>> fue Donald Johnson, médico inglés, en un opúsculo intitulado *The Hallucinogetic Drugs* (1953). Sin embargo, tal designación la tomó de tres médicos americanos: A. Hoffer, H. Osmond y J. Smythies, quienes de hecho no las usaron en letra de imprenta hasta el año siguiente.

vegetales que, ingeridas, proporcionan una experiencia divina. El nuevo término es "enteógeno". En medios científicos se ha adoptado rápidamente ya que es una designación que satisface las necesidades expresivas y recoge notablemente bien las resonancias culturales evocadas por estas substancias, muchas de las cuales son fúngicas.

Los motivos argumentados para evitar antiguas designaciones inadecuadas son diversos. El término "psicotomimético" o "psicomimético" usados por algunos hombres de ciencia, fue acuñado para referirse a una droga que provocaba estados psicóticos. Si tenemos presente que la "psicología" se ha ocupado únicamente de las enfermedades mentales (a pesar de que la etimología de la palabra indique "el estudio del alma" o del "espíritu"), podemos inferir fácilmente que los términos compuestos a partir de la raíz psico- tienen una connotación de enfermedad, y no sería correcto decir que un chamán "toma drogas psicomiméticas". Ya Osmond (citado por WASSON, 1980:233) se percató de estas asociaciones adversas y propuso la palabra *psychedelic* [2], la única palabra que emplea la raíz anómala psiche- en lugar de psicho-, con la esperanza de que el término pudiera designar algo que "muestra el alma". A pesar de ello, no es únicamente que *psychedelic* sea una formación verbal incorrecta, sino que además no evita la confusión con las designaciones formadas a partir de la raíz psico- y, por tanto, tiende a significar algo que "conduce a estados psicóticos" y no, sencillamente, a una forma de percepción alterada.

Vistos estos antecedentes, creo que el término propuesto por los autores citados puede resultar apropiado para referirse a las drogas cuya ingestión altera la mente e induce estados modificados de consciencia que se han dado

2. En una carta dirigida a Humphrey Osmond, con fecha del 30 de marzo de 1956, Aldous Huxley proponía que la mescalina fuese denominada *phanerothyme*. A raíz de ello Huxley escribió estas ingeniosas líneas (extraido de Wasson, 1980:233):

> *To make this trivial world sublime*
> *Take a half a gramme of phanerothyme.*
> (Para que este mundo trivial sea sublime
> tome medio gramo de fanerotime.)

a lo que no menos ingeniosamente H. Osmond le replicó defendiendo su propuesta terminológica:

> *To fathom Hell or soar angelic,*
> *Just take a pinch of psychedelic.*
> (Para ir al infierno o tener un vuelo angelical,
> simplemente tome una pizca de psicodélico.)

(Traducido por el autor de la versión citada de R.G. Wasson.)

en llamar de posesión extática o chamánica. La palabra "enteógeno" tiene su raíz en el término griego *entheos*, que literalmente quiere decir "Dios (*theos*) dentro de mí" y es una palabra que, según los autores que la han acuñado, significa el estado en que uno se encuentra cuando es inspirado y poseído por el dios que ha entrado en el cuerpo.

Se aplicaba a los trances proféticos, la pasión erótica y la inspiración artística, así como a los ritos religiosos en los que los estados místicos eran experimentados a través de la ingestión de substancias que eran transmutables con la deidad. A la raíz *entheos*, se agrega el sufijo -gen, que denota la acción de "llegar a ser", quedando el neologismo propuesto, "enteógeno".

Esta designación tiene, además, otras ventajas: es fácil de pronunciar y puede usarse en la forma substantiva "enteógeno" o bien en forma de adjetivo, "plantas enteógenas", y es fácil de traducir a las distintas lenguas occidentales. Por estos motivos semánticos, prácticos y por otros de matiz estético, he decidido utilizar el término "enteógeno" en el presente texto para referirme a las drogas que inducen imaginería mental y que han sido (y son) tradicionalmente usadas en ritos religiosos o chamánicos de diferentes formas culturales. También, en un sentido más amplio, aplicaré el término a otras drogas sintéticas o naturales que inducen modificaciones de la mente similares a las que se verifican con la ingestión ritual de los enteógenos tradicionales.

DE ENTRADA

Ningún bien ni honor del mundo me es alcanzable.
Un perro rehuiría mi senectud nauseabunda,
Por esta razón la magia me ha ganado
y los secretos, que son tantos, he pedido
al Espíritu mismo, para salir
de los sudores que cuesta tener que decir
lo que del mundo ignoro.

GOETHE, 1938

En la naturaleza nunca hay un vacío. Nosotros, al igual que nuestros antepasados cuando no comprendían un hecho o desconocían su etiología, llenamos lo que se nos presenta como un vacío con la explicación más adecuada y razonable de acuerdo al contexto cultural y al momento histórico en el que nos encontremos, proceso que -obviamente- no quiere decir de ninguna manera que el razonamiento conduzca a la verdad. Por este camino se clasifica todo elemento de función desconocida y se sitúa en algún lugar del esquema mental del individuo o del grupo, con lo cual se impide que genere la angustia típica que surge ante acontecimientos sin causa.

Dentro de nuestra cultura, tenemos ilustraciones de este principio, por ejemplo, en los descubrimientos antropológicos y en los registros de los etnólogos sobre los hábitos de culturas tradicionales: a menudo, no entendiendo la función, el "lugar cultural", ni el continuum causa-efecto de algunos objetos o comportamientos, los hemos clasificado como "cosas o hechos mágicos" y punto. Así, se ha englobado en esta categoría todo aquello que podía crear la terrible angustia cognitiva que surge cuando se plantea la pregunta: "Y eso, ¿para qué?" y no se obtiene ninguna respuesta comprensible. En multitud de ocasiones se ha descubierto posteriormente la función de tal objeto o de tal símbolo, de esta actitud o de aquella, dentro de la cosmología del pueblo estudiado y se ha podido verificar que no tenían ninguna relación con el mundo mágico; que había sido extremadamente simplista atribuirlos a este apartado de la cultura; que había sido, en definitiva, el producto de la ignorancia no aceptada o de una realidad malentendida.

Con el hongo *Amanita muscaria* ha sucedido un fenómeno similar durante el último siglo: ha sido considerado mortal sin serlo -y a pesar de su real aunque limitada toxicidad- por el miedo irracional que genera su imagen; y la relación plástica y tradicional que tiene con los enanitos y los gnomos ha sido explicada como producto de una coincidencia, cosa de niños, etc., sin más explicaciones ni razonamientos. La verdad socialmente aceptada que encontramos hoy en la mayor parte de lugares del Viejo Mundo es ésta, pero la génesis nos muestra una realidad muy diferente.

Los extensos estudios llevados a término por Robert Gordon Wasson y su esposa Valentina Pavlovna se refieren a las relaciones entre las setas y los pueblos en el ámbito de sus tradiciones, sus costumbres culinarias, su literatura, sus religiones, sus artes plásticas, su vocabulario, sus símbolos y su historia.

El matrimonio Gordon Wasson abrió un camino nuevo y exploró territorios que aún permanecían vírgenes, territorios que hacían exclamar a los geógrafos de otras épocas, faltos de mejores expresiones: *Hic sunt leones* ("Aquí hay leones"). Wasson y su mujer investigaron estas relaciones entre el Ser humano y el Hongo en todos los terrenos posibles y las recopilaron con todos los argumentos imaginables, tanto lingüísticos como históricos y psicológicos, hasta explicar la micofobia de los anglosajones y la micofilia de los eslavos, los provenzales y los catalanes. Fue el estudio de las tribus aborígenes de Siberia lo que les enseñó a interpretar el uso de la *Amanita muscaria* como un tipo específico de intermediario entre Dios y la humanidad.

Aprovecho este capítulo, encabezado con el título genérico "De entrada", para explicar también los términos micofilia y micofobia, que usaré repetidamente en el texto. Etimológicamente, se componen del prefijo mico- que viene del griego *mýkēs* que significa "hongo" y de los sufijos -filia y -fobia, que significan "amor, tendencia, simpatía" y "terror, miedo", respectivamente. Ambos términos fueron bien explicadas por el ilustre botánico Pius Font Quer, al cual haré también referencia en las páginas siguientes, cuando dijo que la micofilia se da en aquellos pueblos en los que el ser humano no siente repugnancia ante los hongos, los come y se aficiona a ellos; aprende a conocerlos y a distinguirlos con facilidad; les da nombre y sabe dónde y cuando crecen; siente preferencia por unos o por otros y aprende también a cocinarlos. La micofilia implica que la tradición oral de un pueblo permita distinguir los hongos buenos de los no comestibles y venenosos. De esta manera se origina el saber popular sobre estos singulares vegetales que nadie siembra y que nacen sin que en general se sepa cómo, pero siempre en los mismos lugares. Los más avezados de cada lugar conocen los especímenes que crecen alrededor uno por uno, y pueden hablar largamente sobre todo lo que se refiere al tema. La micofilia y los micófilos se manifiestan por todas estas señales (FONT QUER, 1983:8).

La micofobia, contrariamente, es el horror y repugnancia hacia los hongos. Lo que para el individuo micófilo es una grasa sabrosa que rezuma del hongo cuando es puesto en la parrilla, se convierte en mucosidades repelentes para el micófobo. El hongo, o ciertas setas, le sugiere la idea de sapos y llega a pensar que se forman o nacen en las membranas de estos batracios. No sabemos cuando aparecieron los primeros micófobos, pero ambas categorías son antiquísimas. Nicandro de Colofón, hace más de dos mil años, suponía que los hongos eran "criados sobre la insidiosa serpiente enroscada en su agujero y aspirando el ponzoñoso hálito de la boca del reptil".

En el presente libro trataré de la micofilia de los catalanes y vascos, y de la micofobia de castellanos y gallegos, entre otros pueblos europeos. Buscaremos el origen de la micofilia en el uso de la *Amanita muscaria*, seta de propiedades enteógenas, por medio de las tradiciones, frases hechas, mitos y expresiones plásticas y religiosas que han tenido su origen en el consumo socialmente consensuado de este espécimen fúngico.

En castellano, no hay un nombre popular realmente difundido y tradicional para designar a la *Amanita muscaria* a pesar de que en algunos textos aparece el de "oronja falsa" (traducción literal y artificiosa del nombre popular catalán de este hongo). No obstante, no quiero entrar ahora en más interpretaciones etimológicas o semánticas del origen y connotaciones de este nombre popular castellano.

Dado que el trabajo de campo y los análisis subsiguientes se han realizado principalmente en Cataluña y a partir de los elementos que ofrece la cultura tradicional catalana, en el texto que sigue utilizaré la traducción de los nombres populares que recibe la *Amanita muscaria* en catalán y que son: *oriol foll* ("oropéndola loca"), *matamosques* ("matamoscas") y *reig bord* ("oronja falsa").

Más adelante analizaremos la estrecha relación que hay entre estas denominaciones populares y el efecto enteógeno del hongo, tenido por mágico durante generaciones.

Fig. 1 Diversas representaciones contemporaneas del mito de los gnomos, siempre relacionados inequívocamente con el hongo *A. muscaria.* **a)** pintura de N. Dalmau, **b)** y **c)** ilustraciones que aparecen en el papel secante fabricado por la marca *Pelikan*, **d)** ilustración que aparece en un libro de narraciones intimistas.

MITOS

LECTURA DE LOS MITOS

A pesar de todas las explicaciones psicológicas que se han elaborado intentando explicar los mitos y su formación, nunca he estado plenamente de acuerdo con el corpus general y más académico -hoy el más aceptado- de esta fórmula interpretativa. Así pues y simplificando, se podría decir que los mitos contienen muchísima más parte de la Verdad y de la Realidad externa y/o subjetiva -si es que hay diferencia entre ambas- que lo que se pretende entender aplicando esquemas psicológicos básicamente freudianos, a pesar de reconocer la inmensa aportación de Freud en todo el campo del conocimiento humano (prácticamente se puede decir, sin exagerar, que la mayoría de paradigmas contemporaneos que se han usado hasta nuestros días en Occidente en lo que concierne al análisis de los hechos sociales e individuales, tienen las raíces en Marx y Freud; es sólo a partir de los años 1980 cuando se está observando el nacimiento real de nuevos paradigmas de pensamiento formalizado).

Sin embargo, la mitología -el conocimiento y estudio de los mitos- comporta otras variables básicas: "La inefable enseñanza de la beatitud que sobrepasa la imaginación viene a nosotros envuelta necesariamente en figuras que recuerdan la imaginada beatitud de la infancia; de aquí el engañoso infantilismo de los cuentos. De aquí también la inadecuación de las lecturas meramente psicológicas" (CAMPBELL, 1980:165). Así, para comprender simplificadamente la crítica que hago a la lectura psicológica de los mitos, cabe ver que en las obras psicoanalíticas que se encuentran en el mercado referidas a mitos y símbolos (excepción hecha de cierto brazo de la escuela jungiana), las fuentes de estos símbolos que aparecen en los sueños y en las visiones son analizadas poniendo en el mismo nivel su significado latente en el inconsciente y los efectos que producen sobre la psique consciente propiamente dicha. En cambio, se pasa por alto el hecho repetidamente constatado de que, por ejemplo, los grandes maestros espirituales de los cuales nadie niega el valor de sus enseñanzas, han empleado conscientemente estos símbolos como metáforas, sin que nadie que no sea excesivamente simplista interprete este hecho como una proyección de sus psicosis. Aquella serpiente que aparece una y otra vez en los textos bíblicos como la encarnación del mal, aparece también en la cultura egipcia de la época faraónica y posterior como encarnación de diversas virtudes espirituales, e igualmente surge en los sueños arquetípicos de diversos indígenas amazónicos estudiados por el psiquiatra C. Naranjo y por mí mismo (FERICGLA, 1994 a). También la imagen de la serpiente está presente en las manifestaciones centroamericanas (la serpiente emplumada de los mayas-quechuas, los aztecas, los zapotecas, etc.). Esta repetida plasmación de la serpiente en diversos contextos, con diferentes contenidos culturales y distintas connotaciones emocionales y cosmogónicas, no se puede reducir a un problema de etiología sexual, por ejemplo, por muy elaborada que sea la pretendida evolución del problema libidinal individual. La conclusión que podría derivar de una simple lectura psicológica (ciencia dirigida al individuo como tal) de los mitos (manifestaciones colectivas) es que los grandes maestros del pasado eran psicóticos que tomaban por revelaciones trascendentales sus fantasías, en todo caso compartidas por el resto de sus contemporáneos (sobre este tema específico acaba de publicarse un trabajo en FERICGLA, 1994 b).

Esta visión limitada e individualista de los mitos colectivos queda patentemente refutada con el simple hecho de leer cualquier manual enciclopédico comparativo que trate de los mitos observables en todo el mundo. Por ejemplo, hallaremos algún mito referido al Diluvio por doquier, simplemente que con distintas formas de exposición; y lo mismo sucede con los caminos marcados con los hitos de los ritos iniciáticos, que tienen también una estructura básica similar en todo el mundo;[3] o con la figura del héroe -héroe mítico, cosmogónico, esotérico y formal- que, con innumerables variantes, regresa de "otros mundos" para salvar a la princesa y con ella -que, de hecho, es el arquetipo de la mujer esencial- al pueblo entero.[4]

3. La estructura más elemental es: i) llamada al futuro iniciado que la vive en forma de crisis vivencial y a menudo con un marcado carácter de experiencia cósmica; ii) es obligado a responder a la llamada a costa de su propia vida; iii) alejamiento de los valores sociales ordinarios que hasta entonces condicionaban y enmarcaban totalmente la vida del futuro iniciado; iv) inmersión en las profundidades divinas o en una realidad sagrada y paralela a la ordinaria; y v) finalmente el retorno a la vida cotidiana con el conocimiento adquirido que, casi siempre, se pone al servicio de los demás miembros de la sociedad. Este esquema básico tiene unas variantes formales incontables en cada uno de los pasos: sin embargo, la estructura es universal.

4. Entre las sociedades occidentales cabe mencionar a título ilustrativo Cataluña y el Reino Unido, en cuyas culturas se ha plasmado éste héroe-salvador mítico bajo la figura de su santo patrón, San Jorge, que es representado matando al dragón para salvar la doncella, hija del Rey.

Otras formas míticas universales son, por ejemplo, los gigantes, contra los cuales siempre se baten humanos valientes que acaban ganándoles: como en la épica leyenda bíblica de David y Goliat o en la de Ulises contra el pastor Polifemo; como los Fomoré, gigantes de la mitología celta, etc.

Así mismo, las creencias en reencarnaciones sea de persona a persona, de persona a animal o de animal a persona; los seres superiores que bajan del cielo (ángeles, enviados divinos, extraterrestres, etc.); el hombre/mujer que duerme y tan sólo es despertado bajo ciertas condiciones mágicas, etc., son otros temas que aparecen en todas las leyendas mitológicas universales intentando explicar el origen de ciertos hechos y clasificándolos en una determinada categoría cosmológica. En el mismo sentido, la luz interior ha dado también soporte a repetidísimas formas míticas; y no continúo porque la lista es larga y de todos conocida.[5]

Además de todo ello, y dejando de lado aquellos mitos que más menudean en todo el mundo, cabe citar la *Amanita muscaria* -"oropéndola loca", en traducción literal del catalán *oriol foll-* como una imagen también mítica (o que forma parte substancial de un cosmos mítico) que encontramos constantemente relacionada con las dimensiones mágicas del mundo; se trate de ámbitos familiares, infantiles o de un cierto culto religioso: el hongo rojo, precioso de forma y tonalidades, con las características pecas blancas por encima -restos de la volva original que envolvía el carpóforo del hongo antes de desarrollarse- dentro del cual habitan, según las tradiciones de muchos pueblos, unos seres también míticos, pequeños, muy inquietos, trabajadores, incluso latosos dependiendo de las circunstancias, y a los que es mejor tener de parte de uno que no en contra, a pesar de su aparente indiferencia hacia el mundo humano. Más adelante expondré con detalle las tradiciones que sobreviven hay día en Cataluña referidas a esta forma mágica, pero para ejemplificar la universalidad del tema, citaré primero una información sobre los mayas-quechuas del altiplano guatemalteco, los cuales saben muy bien que la oropéndola loca no es un hongo ordinario. Lo llaman *cakuljá-ikox* ("rayo-hongo") y lo relacionan con el dios maya-quechua del rayo, Kajaw cakuljà, el cual, según su mitología religiosa, dirige a los portadores de la lluvia que son hombrecitos (gnomos) denominados antiguamente *txacs*, pero que hoy, después de la cristianización llevada a cabo por los europeos en el Nuevo Mundo, han cambiado su nombre por el de "angelitos".

5. Recomiendo la lectura de la obra citada de J. Campbell, ya clásica dentro del género, por la belleza y rigor del escrito y por la sugerente aportación que hace del estudio de los mitos.

Los mitos que han conseguido soportar el paso de los siglos, a pesar de los cambios formales que hayan recibido por parte de las sociedades que los conservan y que viven según sus dictados, no se mantienen tan solo por los sentimientos melancólicos que puedan despertar en los individuos que les dan existencia. Estos mitos que soportan el paso del tiempo y los cambios culturales han de ser forzosamente sustentados y favorecidos por hechos que surjan de una realidad objetiva o subjetiva (realidades históricas mitificadas o interpretaciones de vivencias interiores), en definitiva, hechos que permitan algún nivel de experimentación por parte de las personas, no solo un acto de fe. Tal autenticidad subyacente es justo el elemento que nos permite establecer comparaciones entre las diversas formas de expresión del mito[6], formas que pueden variar con el tiempo y el espacio, pero sin perder el contenido esencial que las hace reconocibles. Se puede dar el caso, también, de la desaparición del trasfondo real que originó un mito determinado y, en cambio, que la sociedad conserve solo su forma, su plasmación, con unas finalidades diferentes; entonces deja de ser un mito para convertirse en un símbolo manipulado por los intereses sociales de cada momento.

Al hilo de todo lo anterior, pues, se puede afirmar que los relatos míticos, que en definitiva son estructuras complejas de interpretación de la realidad (por ejemplo, la fundación de Roma por Rómulo y Remo con todo lo que comporta y con todo lo que la historia nos explica de ello), estructuras interpretativas que se transmiten mediante la tradición y son deformadas gradualmente por el tiempo y por los diferentes contextos geográfico-culturales por donde pasan, sean simplemente historias que justifican o ilustran una parte de la realidad humana -si se quiere, la fantástica y propia del imaginario.

Estas formas de razonamiento, o categorías mentales, si están vacías de realidad empírica, suelen durar poco y su tiempo de vida depende más del prestigio de quien ha formulado la explicación (el modelo de interpretación de la realidad) que de ninguna otra variable.

En nuestro caso, estudiaremos a los seres denominados en Cataluña a mediados del siglo pasado *menairons* (traducible libremente por “duendes de las minas”) y *follets* (locuelos), posteriormente conocidos como “enanitos”, después por “gnomos” -término culto que proviene de la Roma Imperial- y

6. No obstante, la comparación no ha de ser tan libre que, en caso de un pretendido estudio científico, mezcle y confunda variantes de relación incontrolable. Las comparaciones y las correlaciones siempre enriquecen el alcance de la óptica del investigador, incluso cuando parecen exteriormente extrañas; pero, como quien pesa polvo de oro, es imprescindible tomar una regla y un compás milimétrico para hacerlo seriamente.

actualmente en el mundo infantil por "pitufos", debido a la influencia de las historietas ilustradas y series de TV.

De un mito se puede variar la forma expositiva, el segmento social que lo vive más manifiestamente, la finalidad aparente que recibe, pero el trasfondo material o experimental (en un sentido orgánico y en un sentido mental) que le da soporte y lo mantiene, es inalterable. Cuando se pierde o se olvida, la abolición y la desaparición del mito ya solo es cosa de tiempo; tiempo que se puede alargar, con todo, durante muchos años mantenido a fuerza de hacerlo prevalecer formalmente, pero la sociedad habrá buscado otros mitos, revivificados o de nueva elaboración, a los cuales pueda ajustar su cosmogonía y sus vivencias.

El trasfondo real que sostiene los mitos puede ser, como he apuntado y simplificando, objetivo o subjetivo -en último término se trata las dos caras de la misma moneda. Así, en la seta *Amanita muscaria* y en los efectos enteógenos o psicoactivos que provoca la ebriedad muscarínica encontramos las bases fosfénicas[7] o biológicas de las visiones de gnomos, duendes o enanos que posteriormente se han convertido en elaboraciones artísticas, tradicionales y populares; elaboraciones mentales que han tenido relación con el mundo religioso, mítico, médico, económico, folklórico, etc.; elaboraciones del pueblo que lo ha vivido como suyo de una manera directa. Este mundo familiar habitado por duendes se halla tradicionalmente en Cataluña, los Paises Bajos, la zona escandinava y también entre algunos pueblos siberianos; así mismo en Asturias, Navarra y el País Vasco hay una cierta tradición de gnomos. Esta construcción mítica pues, la etiología de la cual estudiaremos más adelante, tiene su soporte objetivo o físico en el consumo consensuado de oropéndola loca u oronja falsa.

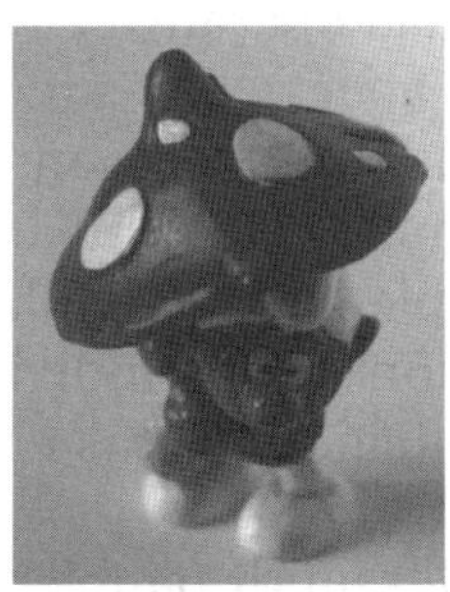

Fig. 2 *Gnomo actual, reinterpretado por la TV y rebautizado con el nombre de "Pitufo".*

7. *Fosfeno*: término extraido de la biología para designar a las impresiones luminosas producidas en la retina por una causa diferente de la luz; por ejemplo, tomando un enteógeno o simplemente comprimiendo el globo ocular (con un dedo, como descubren muchos niños para jugar autoexperimentando).

LA INTERPRETACIÓN DE LAS FORMAS Y DE LOS CONTENIDOS TRADICIONALES

Al igual que los mitos, estructuras complejas que plasman una realidad histórica o una subjetividad arquetípica, las tradiciones también contienen una verdad manifiesta que muchas veces permanece sumergida para los ojos profanos. Es preciso desmenuzar todos los elementos de una tradición para entenderla o para, incluso si fuera preciso, poderla recrear.

Aún actualmente, los pastores, cuando hay una oveja a la que le cuesta parir, le ponen una cruz hecha de dos ramitas de ruda sobre el lomo, en medio de la lana y pare sin sufrir (VIOLANT, 1981:94). Esta tradición pirenaica, ya perdida en el momento de escribir el presente libro, fue recogida por el etnólogo Ramón Violant Simorra en el Alt Pallars (Pirineo occidental catalán) alrededor de los años mil novecientos cincuenta. Analizando tranquilamente la tradición, nos percatamos de que el sólo hecho de poner una cruz hecha con ramitas secas de una mata de ruda (*Ruta sp*) sobre el lomo del animal, muy probablemente no ha de ayudar al parto ni provocarlo. Si se trata de una mujer, entraría un número infinitamente más elevado de variables a observar, como la llamada "eficacia de lo simbólico" o como es el hecho de las vivencias que los símbolos arquetípicos pueden desencadenar en el ser humano a través de nuestras capacidades cognitivas; y éste podría ser un caso de influencia obrada por una visión arquetípica, como es la cruz. C.G. Jung en sus trabajos experimentales parece que verificó la existencia de objetos, como la rueda o la cruz, que son representados en todo el mundo y que tienen un significado simbólico y una cierta capacidad operativa en determinadas condiciones. Es decir, respetando las diversas aportaciones teóricas sobre el tema, se podría acordar que una palabra o una imagen son simbólicas cuando tienen un aspecto inconsciente más amplio que el aparente, y que nunca puede ser definido con precisión o completamente explicado (JUNG, 1981:18) si bien en la praxis afecta la actuación de los individuos. Así, un símbolo puede tener unas facultades psicosomáticas claras en el parto, como en el ejemplo usado.

No obstante, es preciso redescubrir también que lo que oculta la tradición, tal como nos ha llegado, es la función emenagoga de la ruda: este espécimen vegetal estimula la menstruación y, ejerciendo una fuerte acción sobre las fibras musculares uterinas, provoca el parto; además, aumente la resistencia de los capilares sanguíneos, con lo cual evita la ruptura y consecuentemente, las hemorragias (FONT QUER, 1983:427). Esta facultad verdaderamente práctica de la ruda ya era conocida hace mil novecientos años por Dioscórides, el médico nacido en el siglo I en Anazarvo y conocido por su ingente obra *De Materia Medica*. Esta facultad abortiva de la ruda también fue conocida en el Pirineo y en toda la extensión del norte de Europa, durante la época medieval, época de nuestra historia en la cual parece que muchos monjes y religiosos tomaban esta planta por las facultades afrodisíacas que tiene (FONT QUER, 1983: 429). Es decir, lo que el tiempo ha deformado es la manera de usar la planta: ha de ser ingerida en infusiones o mixturas, pero no como símbolo -al margen de la citada y posible validez aplicada del símbolo arquetípico de la cruz.

La tradición reciente -dominada por la cosmogonía cristiana- ha deformado el saber popular que indicaba cómo y cuándo se puede usar la ruda, para convertirlo en un símbolo más de la pretendida omnipotencia cristiana, que no ha conseguido mantener durante mucho tiempo la tradición obliterada apartada del fondo real. La sabiduría empírica sobre las propiedades de la ruda se mantuvo viva durante toda la Edad Media en los estratos populares y especialmente en las manos de las mujeres que la Inquisición tildó de "brujas". Por este motivo también se conoce popularmente la ruda, en toda Cataluña, como la planta de las brujas.

El método para llegar a la etiología de un hecho cultural aparentemente vacío y descubrir el trasfondo real es, muchas veces, analizándolo mediante los pequeños indicios deformados que nos deja la tradición una vez alejada del origen que la creó.

Otra, de entre las muchas ilustraciones citables referidas a la deformación que sufren las tradiciones a partir del hecho original, es localizable en dos de los continentes: la hallamos en algunos lugares de la costa septentrional del continente sudamericano y del sur de los Estados Unidos, en la zona del Caribe y en el sur del Viejo Mundo.

En el continente americano se conoce la familia botánica de las Datura o *Brugmansia* -en la moderna taxonomía científica- con los nombres populares de "árbol loco" y "borrachera". Actualmente casi nadie lo consume entre los mestizos y colonos, ni ninguna planta de esta familia es usada con finalidades enteógenas fuera del ámbito indígena (FURST, 1980: 127), pero el hecho de que el decir popular otorgue estos nombres a la planta es indudablemente porque las propiedades hipnóticas que tiene, entre otras más peligrosas, eran conocidas (FONT QUER, 1983: 595).

También en el Viejo Mundo la tradición nos da información del extendido y tradicional conocimiento de las propiedades alcalóidicas alteradoras de la consciencia que posee la *Datura stramonium*, por medio de los nombres populares que recibe: en castellano tiene el nombre de "hierba del infierno", "higuera loca", "berenjena del diablo"; en portugués y gallego, *figueira do inferno*, *erva dos bruxos*, *erva dos mágicos*; en catalán, *figuera d'infern*, *herba talpera*; y en vasco, *ikoro* ("higo loco"). Todos los nombres aplicados a la *Datura stramonium* hacen una referencia clara a un estado de alteración mental: diablo, loco, brujos, infierno... y el único que apunta a una función descriptiva o pragmática es *herba talpera* ("hierba de los topos"). Los campesinos catalanes han comprobado que los topos no agujerean la tierra en los campos donde crece el estramonio. Efectivamente, este es el nombre que hemos oído que le dan a esta planta los habitantes de las comarcas septentrionales del Lluçanès, el Berguedà y el Ripollès: precisamente porque es la única propiedad que hoy se conoce de la planta. Y así como esta sabiduría popular ha dado nombre a la planta según los usos pragmáticos de los que se aprovecha el ser humano en la actualidad -ahuyentar los topos de los campos de cultivo-, el conocimiento de las propiedades hipnóticas y enteógenas del estramonio ocasionó que fuera conocido con las denominaciones que hemos visto: es a partir de estas, pues, que descubrimos las propiedades y uso de la planta en épocas pasadas. Este mismo proceso, en esquema, aunque con una estructura más compleja, nos ha servido para analizar el mundo cultural que sigue vivo bajo la *Amanita muscaria*. Fundamentalmente es una metodología inductiva que podríamos denominar de etnohistoria basada en un análisis etnolingüístico.

LOS FENÓMENOS MÁGICOS Y SU BASE EMPÍRICA

Bajo cada mito, bajo cada tradición y cada postura, actitud o hábito mecanizados, interiorizados o vividos inconscientemente, hay una necesidad material o mental a satisfacer, un conocimiento o un hecho causal y real. En muchos casos sucede que, durante el camino cronológico que ha seguido el hecho original mitificado, se aprovecha la expresión plástica, oral, escrita, etc., para cargarlo con más significados simbólicos o psíquicos conscientes o inconscientes de los que originalmente poseía (símbolos de condensación), hecho que da pie a una elaboración teórica posterior que a veces tiene más relación con la ontogenia del mito que con su filogenia. Lo que aquí nos interesa como objeto de análisis es precisamente el soporte estructural de un hecho (material o no) que llega a adquirir categoría mítica y el proceso por el cual, justamente, llega a tener las cualidades de "mito".

Explico una anécdota ilustrativa y divertida: no hace mucho fui a visitar, en compañía de un amigo, el Museo Marinero de Vilanova la Geltrú. En este pequeño museo particular del señor F. se exhiben muchas y muy interesantes curiosidades y objetos marineros que el propietario ha ido coleccionando durante toda su vida. La atracción principal es, sin embargo, una carpa menuda (*Cyprinus sp*) que vive en un estanque construido detrás de la casa-museo y que el señor F. ha conseguido adiestrar para que saque la cabeza del agua y coma de su mano. También ha conseguido que la carpa ingiera el alimento líquido que el señor F. le ofrece con un porrón. La mayoría de la gente visita básicamente este museo -y últimamente llegan autocares enteros- para ver como la carpa saca la cabeza del agua y come y bebe en porrón de manos de su propietario, el cual ha intentado adiestrar sin éxito otras carpas que conviven en el mismo estanque. El hecho no acaba aquí: el señor F. nos mostró una gran cantidad de sobres que le han llegado desde todo el mundo y cuya dirección es indicada tan sólo, con el dibujo de una carpa que bebe en porrón y el nombre del país (España). ¡Hasta aquí llega la popularidad de la carpa! Un sobre especialmente curioso, proveniente del extranjero, muestra un esquema del mapa de la Península Ibérica, una bandera clavada en el sitio aproximado donde se localiza el pueblo de Vilanova i la Geltrú y la carpa que bebe en porrón dibujada en el pabellón. Además, el señor F. guarda una montaña de álbumes donde colecciona los artículos que, en revistas y diarios de todo mundo, hablan de su carpa. En una talla de madera hecha por indígenas africanos -angoleños si mal no recuerdo- que los mismos artistas regalaron al señor F., hay representada la carpa sacando la cabeza del agua con una boca enorme y dispuesta a recibir comida. En esta talla de madera, las dimensiones de la carpa son más grandes que las de los dos indígenas angoleños reproducidos al costado del pez y cualquier estudioso de la mitología o cualquier erudito interesado, probablemente verían en la talla -en el caso de no conocer la existencia de la carpa- una nueva versión plástica de la imagen arquetípica del vientre de la ballena como símbolo del umbral mágico que ha de atravesar el héroe antes de renacer en una nueva esfera del conocimiento. La Biblia nos habla del protagonista de uno de los libros proféticos menores, escrito antes del 200 a.C., que fue engullido por una ballena y devuelto a la tierra al cabo de tres días. El tema de Jonás fue muy representado en el arte paleocristiano, sobretodo relacionado con el rito bautismal. En estas representaciones bíblicas se suele ver una gran boca de pez con Jonás a punto de ser tragado. También en *The Song of Hiawatha*, aventuras atribuidas por Longfellow al famoso héroe iroqués Hiawatha, se lee:

> Mishe-Nahma, Rey de los Peces,
> en medio de su cólera brincó.
> Fue relampagueando hasta la luz del sol,
> Abrió su enorme boca y tragó
> ambos, canoa y Hiawatha.
> (CAMPBELL, 1980: 88)

En este mismo sentido, los esquimales explican el cuento de Cuervo, héroe mítico esquimal, que fue comido por una ballena. Finalmente encontró la manera de salir de ella. Los zulús explican que dos niños y su madre fueron engullidos por un elefante: "Cuando la mujer llegó al estómago del animal, vio grandes bosques, ríos y muchas tierras altas; en un costado había muchas rocas y mucha gente que ahí se había instalado; también había muchos perros y muchos otros animales; y todo estaba dentro del elefante" (CALLAWAY, 1868: 331). El héroe irlandés Finn MacCool fue tragado por un monstruo de forma indefinida, de la especie conocida en el mundo celta como *peist*. La niña alemana Caperucita Roja fue devorada por un lobo; y, sin ir más lejos, todo el panteón griego, con la única excepción de Zeus, fueron a dar al viente de su progenitor, Cronos.

Ateniéndonos a la mitología universal, y retornando a la carpa del señor F. y a las circunstancias que la van envolviendo a medida que pasa el tiempo, creemos que sería una temeridad intelectual decir que tiene todos los puntos a favor para crear un nuevo mito del pez devorador, pero es evidente que se va forjando un "aura" mágica entorno de esta carpa. Es la "base real" para que de aquí a algunos decenios (obviamente, es una sencilla suposición nuestra), cuando el pez y su propietario hayan muerto, se convierta en una tradición fantástica plasmada en canciones, historias infantiles, narraciones locales, etc., y posteriormente, si las circunstancias históricas fueran favorables, y con la menuda carpa ya convertida en un pez enorme, se convierta en una historia arquetípica. Evidentemente, no proponemos aquí creer con absoluta literalidad el contenido inmediato de los cuentos y las historias míticas de los zulús, del héroe irlandés Finn MacCool, de Hiawatha, de Jonás, etc., sino que, a pesar de pertenecer el contenido al mundo de los símbolos de condensación, las categorías mentales que corresponden a la representación del mundo plasmada en la historia, el cuento o el retablo, se estructuran a partir de un hecho más o menos lejano, y más o menos real en origen, conocido por el pueblo que sustenta y vive el mito y lo va cargando de diversos contenidos metafóricos y metonímicos con el paso del tiempo.

Dando un giro de ciento ochenta grados, pasamos a analizar el soporte de la "magia musical", de la cual encontramos un interesante estudio realizado por D.R. Hofstadter sobre la música de Chopin. La magia que tiene la música de este compositor romántico está relacionada con los ascensos y descensos de notas y arpegios regularmente articulados. Después de estudiar la estructura de las pautas melódicas de las composiciones de Chopin, Hofstadter descubrió que los fenómenos percibidos como mágicos siempre son resultados de pautas complejas de actividades no mágicas que se desarrollan en unos niveles subyacentes al perceptible. Dicho de otra manera, la calidad mágica subyacente al "hecho mágico" es la estructura, afirma Hofstadter. La existencia misma de la vida nos sirve de ejemplo perfecto: la vida emerge de actividades estructuradas, pero sin vida, que tienen lugar a nivel molecular. El autor citado, al final de su estudio dice que la magia de la música emerge de estructuras complejas, de pautas no mágicas de notas y acordes que crean un metalenguaje (HOFSTADTER, 1982: 103).

En el caso sobre el que estamos trabajando, la estructura material que está en la base de la magia del mundo familiar de duendes, enanitos y gnomos, es el efecto psicoactivo de la *Amanita muscaria* a partir del cual se han generado los contenidos culturales que revisten a los fosfenos y es lo que le da la dimensión propiamente humana. Es decir, es el conjunto de modificaciones en la bioquímica de los neurotransmisores que provoca esta intoxicación, lo que nos permite acceder a una percepción modificada de la realidad, comprensible a partir de los contenidos simbólicos que recibe de cada pueblo. En el presente estudio trabajamos las manifestaciones culturales buscando a través de ellas las relaciones entre ambos sistemas (neurofisiológico y cultural-tradicional).

Para hablar de los ámbitos y manifestaciones culturales relacionados con una modificación de las sinapsis -base estrictamente bioquímica de la modificación de la consciencia-, aludiré a las propuestas lingüísticas y filosóficas de L. Wittgenstein, el cual, llevando el tema de las estructuras básicas al campo complejo del lenguaje y de la realidad significada por cada parte y por cada fórmula del lenguaje, verifica la imposibilidad manifiesta de hablar de un nivel de hechos -sea la lengua misma- si no es con un lenguaje de nivel superior que denomina metalenguaje. Un metalenguaje puede adquirir unas formas aparentemente comprensibles si se tiene en cuenta tan sólo su estructura, pero substancialmente es incomprensible desde niveles inferiores si el receptor del mensaje no comparte una serie de hechos, a veces prácticamente inefables, con el emisor que, a pesar de utilizar los mismos términos y unidades expresivas, los utiliza en un sentido (referente) distinto (¿mágico?) en un mismo contexto aparente. Las parábolas de los maestros religiosos tienen un sentido ulterior al meramente literario; las piezas musicales de Chopin contienen una emotividad que es metalenguaje respecto a la pura estructura pentagramática que las soporta; los lenguajes poéticos y místicos son, muy a menudo, incomprensibles desde una óptica de sintaxis correcta y tan sólo se pueden interpretar partiendo directamente de un nivel metaordinario del lenguaje.

En nuestro caso, el análisis de las características inherentes a los efectos enteógenos de la oropéndola loca partirá de un nivel de comprensión ordinario, interpretando las manifestaciones tradicionales que nos han llegado de las prácticas referidas a la ingestión del hongo desde una óptica de análisis etnohistórico, pero es preciso no olvidar que no es el camino para aprehender ni tan sólo para comprender totalmente, aquello que de inefable pero real, tienen los mitos y los efectos enteógenos de ciertas prácticas y substancias; ni es el camino para comprender lo que de maravilloso y profundamente pasional se expresa a través de las plasmaciones tradicionales de los mitos y de los mundos paralelos al que nosotros entendemos por ordinario.

El presente trabajo aporta evidencias del uso tradicional de la *Amanita muscaria* y de las manifestaciones culturales de este hecho que han llegado hasta nuestros días en el territorio aproximado que actualmente ocupa Cataluña, entre otros del Viejo Mundo.

COMENTARIO METODOLÓGICO

La metodología empleada en este trabajo es, según la parte del tema estudiado, inductiva, deductiva, comparativa o etnohistórica en un intento constante para mantener un enfoque extenso y heterodoxo que nos permita establecer las relaciones interdisciplinarias requeridas para este cometido.

Quien desee examinar la totalidad del contenido de la investigación presente ha de saber que tratamos de símbolos e imágenes de origen irracional, no lógico, y que no pueden ser absolutamente verificadas por medio de la ciencia con los paradigmas actuales que permiten prever, repetir y comprobar dentro de unos límites fijados por la lógica racionalista. En todo caso, lo que sí es mesurable y aceptable, o rechazable, es la metodología empleada, las normas lógicas que utilizamos para extraer una deducción o inferir una inducción. Buena parte del estudio está realizado a partir de una posición émica del autor; es decir, de una actitud de observación participante, hecho que comporta mantener una misma actitud para cualquier verificación ulterior.

El hecho de participar para conocer, de realizar prácticas enteógenas para pensar la realidad y la profundidad hasta la que llevan, nos recuerda un texto de Freud en el que dice que las verdades que contienen las doctrinas religiosas aparecen tan deformadas y tan sistemáticamente disfrazadas que la inmensa mayoría de los seres humanos no pueden reconocerlas como tales. Es lo mismo que pasa cuando explicamos a los niños que la cigüeña trae a los recién nacidos. También les decimos la verdad aunque disimulándola como una máscara simbólica, porque sabemos lo que este gran pájaro que aparece con las primaveras significa. Sin embargo, el niño no lo sabe: se da cuenta, tan sólo, que se le oculta algo, se considera engañado y ya sabemos que de esta primera impresión nacen, en muchos casos, una desconfianza y una posición hostil hacia los adultos (FREUD, 1948, I: 1275). Nosotros hemos llegado a la convicción que es mejor prescindir de estas cortinas simbólicas que cubren la verdad y no negar el conocimiento de las circunstancias reales y empíricas en una medida proporcional al nivel de comprensión de cada uno de los individuos que reciben el mensaje.

EL PARAÍSO Y EL INFIERNO

La segunda parte de este volumen, encabezada genéricamente con el título “Hechos”, es la descripción y el análisis de las autoexperiencias realizadas con el hongo *Amanita muscaria* u oropéndola loca; de las tradiciones que hemos recogido en el trabajo de campo y bibliográfico que hacen referencia a ello y otros elementos simbólicos y materiales sobre la cuestión.

Con el material expuesto no pretendemos ni deseamos que nuestra investigación sirva gratuitamente de invitación general para degustar las dulzuras ambivalentes y peligrosas que pueden proporcionar las substancias enteógenas. Quien se aventura a introducirse en la obscuridad ha de conocer el camino de regreso tan bien como el de ida. El reino de los dioses y de los seres míticos es una dimensión olvidada en el mundo occidental ordinario de hoy aunque, en realidad, son dos mundos en uno mismo. Lo que suele suceder en caso contrario, y que todo el mundo conoce mediante las noticias de los periódicos, queda bellamente ilustrado por la desgraciada experiencia del joven Faetón, descrita en una famosa fábula griega, la mayor parte de la cual transcribimos a partir de la versión clásica de Ovidio (OVIDIO, 1929:28-38).

Faetón había nacido de Clímene, una virgen etíope, e incitado por sus compañeros para conocer a su padre atravesó Persia y la India para llegar al palacio del Sol, ya que su madre le había dicho que su padre era Febo, el dios que guiaba el carro de fuego. El palacio del Sol se elevaba sobre altas columnas, claro del oro centelleante y de las piedras preciosas que imitaban las llamas; marfil nítido cubría la parte alta del tejado y las argentinas puertas de dos hojas irradiaban luz.

Cuando el hijo de Clímene llegó y entró a la morada de aquel a quien dudaba llamar padre, enseguida dirigió sus pasos hacia la presencia paterna, pero permaneció alejado porque más cerca ya no podía soportar su luz. Febo estaba sentado en un trono resplandeciente de esmeraldas claras. A la derecha y a la izquierda estaban el Día, el Mes, el Año, los Siglos y las Horas; también estaba ahí la nueva Primavera, ceñida de una corona de flores; estaba el Verano desnudo; también estaban el Otoño y el glacial Invierno, erizado de cabellos blancos. El Sol observó al muchacho: "¿Por qué has buscado este palacio, Faetón, hijo que ningún padre desdeñaría?" Él respondió: "¡Dame una prenda, oh padre, por la que todos me crean tu verdadero retoño y llévate esta duda de mi espíritu!" Así dijo. El padre soltó los rayos que centelleaban en torno a su cabeza y le mandó que se acercara. Habiéndolo abrazado, le dijo: "Eres digno de ser llamado hijo mío, Clímene te ha contado tu verdadero origen. Y para que no dudes, pide la gracia que quieras y la obtendrás de mi mano: pongo por testigo al lago por el que juran los dioses." Cuando hubo acabado, el joven pidió el carro de fuego del padre y el derecho de conducir por un día los corceles alados.

El padre se arrepintió del juramento y dijo: "Tus palabras han hecho temerarias las mías. ¡Ojalá que me fuera permitido no cumplir los juramentos! Gran cosa pides, Faetón; esta tarea no es adecuada ni a tu fuerza ni a unos años tan juveniles. Que cada uno haga aquello que le está permitido, pero nadie, excepto yo, tiene el poder para sostenerse en mi carro de fuego. Ni tan sólo aquel que gobierna el vasto Olimpo. Supón que el carro te sea dado: ¿qué harás? ¿Podrás oponerte a la rotación de los polos, de forma que el eje giratorio del cielo no te lleve? Hay que hacer el camino en medio de trampas e imágenes de fieras. Y tendrás que pasar por entre los cuernos de Tauro, erguido frente a ti, y de Escorpión que curva sus brazos crueles en un largo viraje y de Cáncer que los curva igualmente."

"Y no será para ti tampoco cosa ligera conducir a los cuadrúpedos enardecidos con aquellos fuegos que tienen dentro del pecho, que exhalan por la boca y los belfos; apenas me toleran a mí."

"Te ruego que no me pidas únicamente eso, que es un castigo y no un honor: un castigo suplicas y no una gracia. No dudes; te será concedido lo que desees, pero desea con más prudencia."

Faetón se rebeló ante estas palabras y, aferrado a su propósito, ardía de deseo por el carro. Entonces el padre, después de haberlo retardado tanto como le fue posible, lo guió hacia el carro. El eje era de oro, de oro el timón, de oro los últimos círculos de las ruedas, de plata la serie de rayos; sobre el yugo, los crisólitos y la pedrería bien dispuesta, devolvían a Febo su luz clara.

Las diosas, ligeras cumpliendo las órdenes, trajeron de los altos establos a los cuadrúpedos que vomitaban fuego, saciados de jugo de ambrosía,[8] y les ajustaron los frenos sonoros. Entonces el padre dijo a Faetón: "Si al menos puedes obedecer estos consejos de tu padre, hijo mío, ahorra el acicate y ten firmes las riendas. Ellos mismos ya se apresuran: el trabajo es, justamente, frenar su empuje. Hay un atajo trazado en escuadra, de una gran curvatura; que éste sea tu camino; en el suelo verás las marcas de las ruedas. Para proporcionar una claridad igual al cielo y a la tierra, no hinques ni levantes demasiado el éter del carro. Encomiendo el resto a la Fortuna: deseo que ella te ayude y te aconseje mejor de lo que tú mismo harías".

Al entrar los caballos alados del Sol, llenaron el aire de relinchos flamígeros y golpearon las barreras con las pezuñas. Apenas Tetis los hubo soltado en el cielo inmenso, emprendieron el vuelo y moviendo las patas por el aire, desgarraron las nubes que les venían en contra y pasaron, elevados por sus alas, por delante del Eurus, que nacía en el mismo lugar.

Pero la carga era ligera y no la que los caballos del Sol conocían, y al yugo le faltaba el peso acostumbrado. Libre de la carga habitual, el carro saltó alegre en el aire y se sacudió violentamente, como si estuviera vacío. Cuando la cuádriga se dio cuenta, se precipitó, dejó el espacio fresado y ya no corrió más en la dirección habitual. Faetón se asustó y no supo hacia dónde girar la riendas que le habían sido confiadas, no supo dónde estaba el camino, ni aunque lo hubiera sabido, habría podido gobernar los caballos.

Cuando el desventurado Faetón vió desde la altura del éter la Tierra que se extendía tan y tan abajo, palideció, un temor repentino le hizo temblar las

8. La ambrosía, alimento de los dioses y de los héroes y que confería la inmortalidad, a menudo ha sido asemejada por diversos autores a alguna substancia enteógena que permite liberar la mente del yugo de las constricciones cognitivas circunscritas a la realidad inmediata. Yo también soy partidario de esta interpretación que cuenta con argumentos diversos para defenderla.

rodillas y las tinieblas le cubrieron los ojos en medio de tanto luz, y entonces hubiera preferido no haber tocado nunca los caballos de su padre.

No sabiendo qué era preciso hacer, se cogió fuertemente y ni aflojó las riendas ni hizo nada por tensarlas, ni recordaba tampoco los nombres de los caballos. En el momento en que las riendas sueltas tocaron sus grupas, los caballos se alejaron del camino; sin que nadie los gobernara, iban por los aires de una región desconocida y por donde los llevaba la embestida se lanzaban sin ley y asaltaban las estrellas fijas bajo el éter profundo; la Luna se admiraba de ver correr a los corceles del hermano más abajo que los suyos y las nubes requemadas humeaban. Las flamas devoraban incluso hasta los lugares más elevados de la Tierra, la cual, pisoteada, se resquebrajaba y se resecaba, privada de sus líquidos. Grandes ciudades eran destruidas con sus murallas, regiones enteras con toda su gente se volvían ceniza por el fuego; bosques y montañas se quemaban.

El Nilo huyó aterrorizado al extremo del mundo y escondió su cabeza que está oculta aún: las siete bocas polvorientas fueron vaciadas y se convirtieron en siete valles sin agua. El mar se redujo y hay una campo de arena seca allí donde antes estaba el océano, y montañas que antes cubrían la profunda planicie acuática se levantaron y acrecentaron la distancia entre las Cícladas dispersas. Tres veces Neptuno se había atrevido a sacar del agua la amenazadora cabeza y los brazos; tres veces no pudo resistir el fuego del aire.

Entonces, el padre omnipotente, tomando por testigos a los dioses, incluso aquel que había dado el carro, porque si no le prestaba ayuda todo se perdería en un destino obscuro, subió a la cima más elevada desde la cual solía extender las nubes sobre la vasta tierra, y allí movió el trueno y blandió y lanzó el relámpago. Los caballos se alarmaron y, saltando en sentido contrario, liberaron el cuello del yugo y abandonaron las riendas rotas.

Faetón, enrojecidos los cabellos por la flama devastadora, rodó precipitándose y dejó una larga estela a través del aire. Lejos de su patria, el gran Eridano lo recibió y bañó su rostro humeante. Las Náyades de Hesperia dieron sepultura a su cuerpo, que humeaba con una flama triple y escribieron este verso en la piedra:

AQUÍ YACE FAETÓN, AURIGA DEL CARRO
PATERNO: SI BIEN NO PUDO GOBERNARLO,
MURIÓ, CUANDO MENOS, POR UNA GRAN AUDACIA.

Esta fábula del padre indulgente ilustra la idea, muy antigua, de que cuando los papeles de la vida son asumidos por los impropiamente iniciados, acaece el caos. La idea tradicional de la iniciación se combina con una introducción del candidato a la técnicas, los deberes y las prerrogativas de su vocación con un reajuste radical de las relaciones emocionales mantenidas hasta el momento. El epitafio de la fábula, a pesar de todo, deja las puertas abiertas de manera que hace evidente la admiración hacia todos aquellos individuos que, a pesar de perderse, son suficientemente atrevidos y valientes para intentar la aventura iniciática.

SÍMBOLOS

ANÁLISIS DE SÍMBOLOS

En el apartado anterior hemos expuesto una fórmula de interpretación de los mitos indicando ciertas correlaciones mito-realidad empírica o física que no se forman a partir de un nivel de simple representación (el mito de Rómulo y Remo no tan sólo "representa" la fundación de Roma), sino que contienen parte de una verdad manifestada por medio del mito. Esta verdad histórica puede ser *psíquica* (arquetipo, fosfenos a los cuales se ha dado sentido...) u *objetiva* (personajes reales, hechos históricos quizá no constatables con la metodología histórica actual...)

Los mitos son representaciones complejas de la realidad y se componen de unos elementos moleculares más simples, los símbolos, cada uno con la correspondiente carga semántica o de contenido. La mitología griega, por nombrar a la más conocida, se compone de diferentes gestas cada una de las cuales es también mítica, realizadas por diferentes dioses o héroes que, al mismo tiempo, están correlacionados en una red de parentesco, estructura que les da un sentido colectivo y otorga una importancia también colectiva a cada uno de los hechos realizados por cada uno de los dioses. Vistos desde una óptica estructuralista, los dioses tienen importancia *en relación con*, pero cada uno de ellos, independientemente, tiene una carga simbólica que es la que lo hace actuar de una manera o de otra. En este sentido pues, desmenuzamos los mitos y tratamos los elementos moleculares: los símbolos.

El lingüista norteamericano de origen alemán Edward Sapir dividió los símbolos en dos clases principales: *símbolos referenciales* y *símbolos rituales de condensación*. Para Sapir, los símbolos referenciales tienen un origen predominantemente cognitivo y siempre se refieren a hechos totalmente conocidos por parte del individuo que los utiliza. Por ejemplo, son símbolos referenciales la lengua oral, las banderas de los paises, las marcas comerciales que reconocemos en un cierto símbolo o diseño, etc. Los símbolos rituales de condensación, en cambio, son formas muy condensadas de comportamiento substitutivo; son una expresión directa que permite la liberación de tensión emocional de una manera consciente o inconsciente e impregnan con su calidad emocional conductas y situaciones aparentemente muy alejadas en origen, incluso lógicamente contradictorias.

Los símbolos rituales de condensación más extendidos que han llegado del mundo tradicional hasta nuestros días, se sitúan en el campo religioso: la simple forma de la cruz es tan evocadora, acoge tantos conceptos, tantas vivencias y tantas pasiones bajo su cobijo, que es muy difícil (si no imposible) de describir su carga semántica. ¿Qué es la cruz? Un símbolo. ¿Qué simboliza? La muerte de Jesucristo para redimir a toda la humanidad. ¿Tan sólo y concretamente eso? Para la anciana que va diariamente a la capilla a ofrecer un cirio en memoria de su esposo difunto, la cruz es probablemente un símbolo emotivo que le hace más viva la presencia ya desaparecida; para el inquisidor medieval Aymerich, la cruz era el símbolo que hacía prevalecer su poder social; para Santa Teresa de Jesús y San Juan de la Cruz, era un símbolo que los orientaba cuando perdían la conciencia en pleno éxtasis y posteriormente les revivía las profundas vivencias tenidas en este estado, durante el cual llegaban a la casa del Señor. En definitiva, es el símbolo de la divinidad con todo lo que de inefable e inabarcable posee el concepto de divinidad.

También el arte tiene unas características de *condensación* y, por eso, siempre ha ido tan estrechamente ligado a las religiones y a las prácticas de modificación de la consciencia que se recrean en los rituales de condensación. Puede decirse que inicialmente, y en cierta manera, la música gregoriana que conocemos por los manuscritos de los siglo IX al XII tenía tanto contenido religioso como ahora los conciertos de rock, donde acuden millares de jóvenes de todo el mundo, a pesar de que la forma, el objetivo y los resultados conseguidos sean diferentes. No obstante y de momento, dejaremos el problema del arte y comenzaremos por evocar el mundo fantástico creado por la ingestión de la *Amanita muscaria* en relación con esta categoría de símbolos de condensación: gnomos, duendes, gigantes y enanos.

De acuerdo con la obra de V. Turner, antropólogo de gran agudeza intelectual especializado en cuestiones simbólicas y cognitivas, se pueden distinguir tres propiedades de los símbolos rituales de condensación: a) la propiedad más simple es precisamente, la condensación: muchas cosas y acciones representadas globalmente en una sola formación; b) un símbolo dominante es una unión de *significata* desiguales, conectados entre ellos porque tienen unas cualidades comunes o análogas o porque están asociados de hecho o de pensamiento (por poner un ejemplo claro, un cantante como

Bob Dylan, en un cierto momento histórico, condensó diversas cualidades dispares: un rompimiento con las instituciones establecidas, un estilo de creación estética, una esperanza de implantación de una nueva cosmología, un sistema "diferente" de relación interpersonal, etc.; el público además, iba a sus conciertos por todo este contenido y porque, a diferencia de los conciertos clásicos a los que iban sus padres, ahí estaba permitido fumar marihuana, bailar si apetecía, etc.: todo junto, entonces, pasaba por Bob Dylan y la sola alusión al nombre comportaba esta extensa realidad); c) la tercera propiedad importante de los símbolos rituales dominantes es la polarización del sentido. Todos los símbolos rituales dominantes tienen dos sentidos claramente distinguibles: por una parte hay un conjunto de *significata* normativos que se refieren a componentes morales y sociales, principios de organización social, etc.; y por la otra, los *significata* sensoriales y afectivos, que son usualmente fenómenos y procesos naturales y fisiológicos. Durante la ejecución de los ritos hay un traspaso de contenidos: las normas se cargan de emotividad y el afecto se normativiza, ennobleciéndose (TURNER, 1980: 30 - 33).

Frente a la propuesta de V. Turner referida a las propiedades de los símbolos de condensación (no perdamos de vista que la oropéndola loca o *Amanita muscaria* es uno de ellos y el efecto enteógeno que produce es la clave de todo un mundo ritual de condensación), encontramos la formulación de Sapir, que subraya cuatro atributos básicos de los símbolos a los que nos referimos, en cierta manera coincidentes con Turner aunque tienen algunas propiedades que los hacen más útiles para nuestros propósitos: a) condensación de muchos significados en una forma única; b) economía de referencia; c) predominio de la cualidad emocional (el rasgo que más interesa a nuestro objetivo y que más sostenemos con nuestro trabajo); d) vínculos de asociación con regiones del inconsciente. A pesar de la crítica que Turner hace a Sapir -puesto que, según él, Sapir olvida a menudo la cualidad normativa o ideológica de los símbolos de condensación- nos interesa la clasificación de éste por el vínculo que descubre entre estos símbolos y el inconsciente, el mundo de la afectividad (la *Amanita muscaria* es un hongo con cualidades enteógenas y como todas estas substancias facilita la liberación del contenido inconsciente). Este autor tampoco niega el carácter normativo de los símbolos rituales, sino que otorga más importancia a la cualidad emocional que los impregna, hecho que, repito, reafirmamos con nuestro trabajo.

Esta categorización de Sapir coincide también con lo que C.G.Jung denominó *signos* y *símbolos* (JUNG, 1954). Según Jung, un signo es una expresión análoga a una cosa conocida o abreviada respecto a ésta (para Sapir, símbolos referenciales); un símbolo, en cambio, es siempre la mejor expresión posible de un hecho relativamente desconocido pero que, a pesar de todo, se reconoce o es postulado como existente. Cuando alguien habla de la *divinidad*, por ejemplo, usa un símbolo según la taxonomía junguiana ya que la divinidad como tal es una realidad no totalmente cognoscible pero sí se le reconoce como parcialmente compensible.[9]

Otro autor de gran talla, Mircea Eliade, apunta en una dirección similar cuando dice que los símbolos, las imágenes y las nostalgias surgen de los dramas y de las revelaciones del inconsciente y que es a través de estos dramas y de estas revelaciones que la humanidad está en comunicación viva con la Naturaleza y con la totalidad cósmica (ELIADE, 1979: 317).

El resultado del presente estudio de los símbolos que descubrimos en la tradición catalana representada por el mundo tan genuino y familiar, coherente y extendido de los gnomos y de otras visiones profundamente afectivas producidas por la ingestión de la *Amanita muscaria*, coinciden plenamente con la interpretación que Sapir, Turner y Jung (cada uno salvando las diferencias correspondientes) hacen de lo que hemos denominado *símbolos rituales de condensación*. El contenido y la validez de estas representaciones está en función de la parte no consciente que entra en juego en ellas. El resultado de los trabajos de R. Gordon Wasson sobre el uso de la *Amanita muscaria* entre los pueblos siberianos, y el de nuestra investigación en el marco cultural y territorial de Cataluña, coinciden en aquello que hace referencia a estos efectos. Los símbolos de condensación tienen sus raíces justamente en el inconsciente, en la parte que ocupa el imaginario en todo ser humano, y es a este ámbito de las vivencias y cognición del mundo al que corresponden los gnomos, los enanitos y los duendes, tres nombres para la misma realidad a pesar de que hoy estén reducidos a la cosmología infantil.

9. De la concepción que tiene C.G. Jung de la problemática de los símbolos, también nos habla Turner (1980:29).

EL INTERESANTE TEMA DE LA ALTERACIÓN DE LA CONSCIENCIA

Como ya he indicado, encontramos el origen de los símbolos de condensación relacionado siempre con los estados modificados de la consciencia en mayor o menor profundidad, y con más o menos elaboración cultural previa por parte de la sociedad. Entre los indígenas huicholes mexicanos, por ejemplo, a los masticadores de *híkuri*, el cactus del peyote (*Lophophora williamsii*), que lo ingieren por primera vez, se les dice lo que verán y cómo han de comprenderlo e interpretarlo referido a su propia vida. Es decir, los efectos enteógenos ya son previamente conocidos por ellos y aceptados y modulados por sus valores culturales. La preparación dura mucho tiempo y a los novicios se les orientan las visiones y las vivencias hasta que son unos masticadores experimentados de *híkuri*. En Occidente, en cambio, los individuos que se someten a una modificación profunda del estado ordinario de la consciencia han de hacerlo con la incertidumbre de tener que descubrir por ellos mismos, casi sin guía, el efecto del enteógeno, la excursión psíquica que induce hacia las profundidades de uno mismo y el regreso al estado ordinario.

A este estado modificado, más o menos profundo, de la consciencia que encontramos en el origen de cada símbolo de condensación y de cada rito, se puede acceder por diversos medios, que aunque conducen al mismo lugar, se pueden dividir en: a) directamente bioquímicos (enteógenos, alcohol, psicofármacos que venden en farmacias); b) mecánicos (bailes, movimientos y plegarias repetidas hasta la autohipnosis, hiperventilación, largos ejercicios ceremoniales); c) prácticas extáticas de iniciación general (ayunos, yoga, meditación).

La modificación del estado ordinario de la consciencia bioquímicamente se reduce a una alteración del funcionamiento de los neurotransmisores producida por el método que sea; y el contenido vivencial que un individuo o una colectividad dan a las visiones o percepciones producidas por la alteración, tan sólo dependen de su preparación previa según las categorías culturales de la sociedad en la cual cada uno se socializa. Como resumiría Dan Sperber, la estructura es bioquímica; el contenido cultural (SPERBER, 1978).

La mayoría de las prácticas lúdicas occidentales también tienen relación con los estados modificados de la consciencia, porque es el único período de la vida, el único módulo cultural, que se lo permite de una manera aceptada a la mayoría de la población, aunque realmente se trate solo de una modificación superficial de consciencia. Encontramos ejemplos por doquier: muchos juegos infantiles tienen como último objetivo el mareo y la pérdida parcial de la consciencia despierta, independientemente de que el medio de conseguirlo sea una persecución de policías y ladrones alrededor de una mesa, revolcándose sobre la hierba, o simplemente haciendo eses o círculos hasta caer mareado; las discotecas, con el consumo que comportan de alcohol, marihuana, tabaco, MDMA (éxtasis) etc., son el terreno (el espacio) especificamente dedicado a romper las pautas ordinarias de conducta y el esquema cotidiano de ordenación cognitiva. Las discotecas tienen todos los requisitos necesarios para modificar la mente aunque, repito, sea superficialmente en la mayoría de los casos: luces fantásticas que reproducen las visiones fosfénicas y alucinantes -o bien una falta de iluminación que, en el fondo, induce al mismo efecto-, música a todo volumen que altera las pautas auditivas cotidianas y la percepción sensorial, espacios para la danza liberadora, venta de alcohol etc.; prácticas, todas ellas, que conducen a romper el *continuum* del funcionamiento mental cotidiano y que son habituales entre los "especialistas" en traspasar los lindes de la consciencia despierta al mundo ordinario de los sentidos, especialistas que hallamos en culturas tradicionales.[10]

Los cines son otro ejemplo contemporaneo importante de ello: la mayoría de modelos de comportamiento, de cosmogonías adoptables, de valores culturales y estéticos, etc., llegan actualmente a las masas a través de las películas de cine. ¿Qué comporta ser espectador de un film? El simple hecho de entrar al recinto, sentarse y esperar el inicio de la película ya es un rompimiento con la vivencia espacio-tiempo cotidiana o normal; cuando las escenas se inician, el espectador comienza un proceso de identificación con alguno de los personajes que aparecen y "vuela" a la época y al lugar donde acontece la acción de la película con la cosmología correspondiente. El "vuelo" (modificación superficial de la lectura ordinaria de la información sensorial) se acaba con el film en la mayoría de los casos. Si la película es *buena*, más de un espectador la continúa viviendo a pesar de haber regresado externamente a su contexto ordinario.

No obstante, una modificación provocada por enteógenos, o por prácticas extáticas, no se puede confundir con la que comporta una película, las atracciones de los parques, la discoteca, etc.. Hay una diferencia esencial y radical: mientras que un tipo de alteración (la superficial, común a Occidente) tan sólo causa una liberación de las tensiones provocadas por las

10. Consúltese una obra interesantísima que contiene información abundante sobre las prácticas de alteración de la consciencia entre los pueblos tradicionales: ELIADE, 1982.

normas cotidianas (evasión), la modificación enteógena o extática conduce a una liberación total, a nivel "cósmico", del automatismo mental ordinario asumido por la sociedad, permite unas maneras alternativas y polidimensionales de captar la realidad y de relacionarse con ella y permite conocer nuevas categorías de esta realidad íntimamente conectadas con el inconsciente (ELIADE, 1982: 104-126).

En el caso del *Amanita muscaria* veremos como, a partir del uso de este hongo de propiedades embriagadoras, se crearon unos modelos y estilos cognitivos y unos estímulos emocionales vigentes en la vida tradicional: el mundo de los gnomos, de los duendes y de los enanos. En muchos casos provienen del tiempo en que los indoeuropeos ocupaban buena parte de Eurasia, hace unos 3250 años o tal vez más (WASSON, 1968). Los símbolos de condensación plasmados en los gnomos y los duendes han sobrevivido hasta nuestros días, pero podemos decir que han tenido una plena fuerza social en el mundo rural (como valores aceptados, con una normativa de comportamiento social relacionada con ellos, etc.) hasta los primeros decenios del siglo XX.

La interpretación que hacemos de los símbolos de condensación en relación con el inconsciente humano es paralela a la que hace W.L. Warner cuando dice que los *sacra* (aproximadamente: el conjunto de elementos sagrados) de los ritos de paso son símbolos no racionales, o no lógicos, que surgen de preconceptos básicos individuales o culturales, generalmente inconscientes, a partir de los cuales la acción social toma cuerpo. Según Warner, son lo que proporciona el núcleo sólido de la vida mental y emocional de cada individuo o grupo, lo que nos conduce directamente al material inconsciente como centro de toda sociedad y de todo individuo, manifestado a través de los símbolos de condensación.

Eso no implica que estos símbolos sean irracionales, que no se puedan ordenar o que sea imposible presentarlos de una manera pensable. Más bien implica que no tienen su origen en unos procesos racionales. Cuando factores como los datos, las evidencias, las pruebas, los hechos y los procedimientos del pensamiento racional entran en juego, resultan secundarios y sin importancia (WARNER, 1959:3-4).

Con la oropéndola loca ha sucedido precisamente este proceso: en un cierto momento, el ámbito de las vivencias y del comportamiento humano que era dominado por los mundos dependientes del hongo enteógeno fue racionalizado y formalizado. A partir de aquel momento, toda la simbología mágica que se apoyaba en las visiones y las vivencias provocadas por la ingestión de *Amanita muscaria* fue desterrada al mundo infantil, "fantasioso y sin importancia", donde la encontramos hoy.

ACTITUDES EMOCIONALES Y SÍMBOLOS

Tenemos plena consciencia de que las actitudes pasionales profundamente arraigadas se adquieren al principio de la vida y tienen mucha importancia. Estas disposiciones pasionales suelen tener el origen en un conjunto de vivencias significativas que provocan en los individuos experiencias emotivas y perdurables, las cuales suelen constituir la base de sistemas simbólicos y de referentes de identidad básicos para los individuos y para las sociedades.

Creo que estas peculiaridades emocionales y pasionales ponen de relieve actitudes de pueblos y etnias enteros, y que si estas singularidades (terror hacia los sapos y ranas; repulsión ante un reptil, ilusión inmediata despertada por la visión de un gnomo, por ejemplo) de tipo emocional se han mantenido inalteradas a través de la historia, incluso de la historia escrita, la causa sólo puede encontrarse en los orígenes históricos o prehistóricos, enraizada a niveles irracionales y puesta de manifiesto en ciertos comportamientos del pueblo o la etnia en cuestión que lo diferencian de los otros. Estas singularidades, sin duda, han de ser tenidas en cuenta a la hora de estudiar la cultura del grupo portador de los estímulos emocionales determinados.

Encontramos totalmente ilustrado el hecho recién expuesto en la micofilia y la micofobia. Se trata de dos actitudes emocionales aparentemente contrapuestas, peculiaridades culturales de mucha importancia, perfectamente delimitadas en el espacio y que pueden cambiar con una radicalidad increíble de un pueblo a otro, aunque sean vecinos. Encontramos esta diferencia pasional entre pueblos que habitan territorios colindantes, que han mantenido un intercambio cultural estrecho y constante durante muchos siglos, que han atravesado por períodos históricos de profunda homogeneización forzada y que, pese a todo, han mantenido una actitud diferente y muy opuesta ante los hongos: el territorio que comprende Cataluña, Occitania, parte del Poitou francés y el País Vasco son micófilos; es decir, su gente estima los hongos, los conocen, tienen abundantes nombres populares para designarlos, los comen y una ágape con hongos adquiere una cierta distinción especial, casi mágica. En cambio, en el resto de la Península Ibérica, excepto alguna pequeña zona muy circunscrita y aislada, es micófoba: hasta hace muy poco tiempo no se comían hongos, no se les conoce por vía de la tradición y la sola visión de un ejemplar en la mesa causaba, hasta hace pocos años, tanta repugnancia como produciría un sapo en la mesa de cualquier occidental. Delimitaremos aún más la peculiaridad cultural: mientras que el País Valenciano es micófobo, pocos kilómetros al norte de Tortosa la gente ya es micófila: en Tortosa mismo hay el refrán tradicional: "El mejor hongo tíralo al estercolero". La distancia no llega a doscientos kilómetros.

EL TABÚ DE LOS ENTEÓGENOS

Las investigaciones etnomicológicas han puesto de relieve la gran extensión y la gran importancia que tiene el tabú del hongo, prohibición estrechamente relacionada con el tabú que hay en cualquier comunidad humana en torno a las substancias y prácticas enteógenas.[11] Las posibilidades que ofrecen tales substancias -o prácticas- siempre se protegen dentro un sacrísimo paréntesis cultural por el terrible peligro que comporta *salir* del mundo cognitivo socialmente admitido y sancionado como válido por las generaciones anteriores. Los estados modificados de la consciencia son los que Turner asocia a los períodos liminares, que describe como períodos definidos, en parte, como un estadio de reflexión en el cual las ideas, los sentimientos y los hechos que hasta entonces habían configurado el pensamiento del "neófito" y que éste había aceptado de una manera inmediata, son disueltos en sus partes componentes. Es decir, se descomponen como un mosaico del cual mezcláramos las piezas según cada período de la vida. Estos comportamientos tenidos hasta entonces por naturales y normales son separados de uno en uno y convertidos en objetos de reflexión (TURNER, 1980:117). Precisamente por eso, una buena parte de los *sacra* usados en los períodos liminares (máscaras, vestidos, reliquias, maquillajes, representaciones, etc.) tienen un carácter grotesco y monstruoso, no para aterrorizar o desconcertar a los neófitos en la ceremonia ni para obligarlos a nada, sino para hacerlos conscientes de una manera rápida y vívida de aquello que Turner denomina "los diferentes

11. De hecho, en el mundo occidental de hoy, el uso de substancias enteógenas es tan proscrito como cualquier práctica liminar llevada a unos límites extremos. Un místico que describiese públicamente unas visiones divinas tenidas en estado de éxtasis sería: a) considerado un charlatán, tal vez peligroso, al que si no se puede descubrir al margen de la ley, sería fácil aplicarle la legislación sobre peligrosidad social, como sucede con las nuevas formas de religiosidad cuando alteran mínimamente el orden social; o b) rápidamente conducido a un centro psiquiátrico; o c) si se trata de un religioso de carrera, expulsado de la Iglesia y sus visiones desautorizadas.

factores de la cultura" (TURNER, 1980:118). Los monstruos incitan a los neófitos a pensar en los objetos, las personas, las relaciones y los rasgos de su entorno que hasta entonces se habían tomado como hechos dados.

Los períodos de liminaridad suelen ir acompañados de la ingestión de enteógenos y de prácticas de alteración de la consciencia, lo que ayuda a romper la fuerza de la costumbre en la construcción mental de la realidad y abre posibilidades de especulación. La situación liminar lo permite: es el ámbito de las hipótesis originales y primitivas, el ámbito en que se abre la posibilidad de jugar con los factores de la existencia, de jugar con la cultura. Es un estado al que no todos tienen acceso: es preciso encontrarse en posesión de unas ciertas condiciones, la principal de las cuales es estar profundamente socializado en los valores culturales de origen para que la comunidad se asegure el "retorno" del neófito a los valores aceptados como buenos, evitando así que se mantenga más tiempo del necesario en el período tabú -liminar- y marginal, en la realidad de la consciencia modificada o alterada.

Las substancias enteógenas entran plenamente en la categoría tabú de hechos y cosas prohibidas en cualquier sociedad por las posibilidades que ofrecen a los individuos de "viajar" al estado liminar en el cual se abren las posibilidades de especulación y de reconstrucción de la realidad sin un control previo de los elementos más experimentados, centro y control de la sociedad (los más ancianos, los sacerdotes, los científicos, los chamanes, etc.)

Ateniéndonos al uso concreto de la *Amanita muscaria* en períodos prehistóricos (WASSON, 1968:10-71) y a las propiedades enteógenas que tiene, encontramos que se generaron dos posiciones culturales opuestas sobre la cuestión. En un cierto momento de la prehistoria, la casta dominante (probablemente la misma que encarnan los chamanes siberianos y bálticos hasta nuestros días, el centro de acción de los cuales se sitúa en el mundo mágico y en el consumo de *Amanita muscaria*) monopolizó el uso de enteógenos y el prestigio y el poder social que esto confiere, es decir, el dominio de los períodos de liminaridad: posibilidad de especular sobre los propios valores culturales. Probablemente la población, que conocía las propiedades de este hongo embriagante, continuó ingiriéndolo hasta que la casta dominante impuso una prohibición respecto a los hongos en general y a la oropéndola loca, en particular. Entonces se creó el tabú que ha perdurado, entre científicos incluso, hasta la década de los años sesenta del siglo actual, ya que en todos los manuales de micología y botánica era (y es) calificado de mortal cuando se trata, en realidad, de un espécimen tóxico pero no letal. Hemos visto el desarrollo del mismo proceso de prohibición que hubo, por ejemplo, en torno al ácido lisérgico

25: mientras que J.F. Kennedy prohibía su fabricación al comienzo de la década de los sesenta, los laboratorios estatales norteamericanos intensificaban, con un carácter de secreto absoluto, los estudios y las aplicaciones de la substancia sintetizada por el famoso bioquímico A. Hofmann (CASHMAN, 1975:45-47).

Encontramos un fenómeno similar en los últimos procesos de aculturación de los indígenas huicholes mexicanos: mientras los miembros de las tribus respetaron el poder de la autoridad religiosa -los brujos- y les reconocían el dominio de las substancias y las prácticas enteógenas -a pesar de que los indígenas mexicanos también las tomaban para encontrar solución a algunos problemas vivenciales, el dominio de la interpretación simbólica estaba en manos de los brujos-, se mantuvo un equilibrio cultural y social. A partir de los años sesenta, con el éxito explosivo de las obras literarias de Carlos Castaneda, entre otros, el territorio de los indígenas mexicanos se llenó de jóvenes norteamericanos (ajenos a los valores culturales y tradicionales de los indígenas) que llegaban hasta ahí atraídos por las posibilidades que veían en los enteógenos y por las figuras carismáticas y exóticas como Don Juan (ficción) y María Sabina (realidad empírica). Al principio, los chamanes indígenas no hicieron mucho caso porque, aunque los recién llegados rompían irrespetuosamente las tradiciones indígenas y, en la mayoría de los casos, no observaban ninguna norma tabú, tampoco eran miembros de la comunidad cultural y tradicional indígena. La alarma se esparció entre los jefes religiosos huicholes cuando miembros de la comunidad cultural y tradicional indígena, adoptando pautas de conducta de los jóvenes norteamericanos, perdieron el respeto a los chamanes y a las tradiciones propias, con el problema irreversible que llevan todos los procesos de aculturación. En un intento de reafirmar su autoridad, los mantenedores de los valores indígenas sagrados amenazaron con la muerte ritual -una intimidación terrible- a todo aquel indígena que consumiera peyote sin su autorización ni consejo y sin respetar las tradiciones (BRYCE, 1976: 64-75). Salvando las distancias culturales, nos damos cuenta que es el mismo mecanismo que ya hemos visto actuar en referencia al ácido lisérgico 25 y que probablemente debió funcionar en épocas prehistóricas de los indoeuropeos respecto a la *Amanita muscaria*. El control y el dominio de los períodos liminares otorga poder y autoridad: es el control de los símbolos de condensación, el control de la construcción mental de la realidad de un pueblo determinado a través de la reorganización de la cultura.

En el caso de la oropéndola loca, el fenómeno es claro. Como veremos más adelante, los territorios micófilos coinciden con los territorios que encontramos aproximadamente en el entorno de bosques de abedules (*Betula pendula*) o de pinos negros (*Pinus uncinata*), árboles que permiten la simbiosis con la *Amanita muscaria* y la hospedan. Así, podemos decir que los pueblos micófilos son aquellos que, de una manera o de otra, disponen o han dispuesto del hongo enteógeno para su consumo, con la excepción del mundo anglosajón, que merece un comentario aparte. El inmenso norte ártico, donde los abedules forman bosques de centenares de kilómetros, es el lugar donde hallamos aún vivo el consumo ritual de la *Amanita muscaria* (WASSON, 1968:233 y ss.). En zonas como Cataluña, donde la micofilia es manifiesta, hubo elementos marginales de la sociedad (pastores, leñadores, carboneros y gente de bosque) que, a pesar de la prohibición expresa y el tabú de consumir el hongo enteógeno, continuaron son sus tradiciones de embriagarse con él, costumbre que transmitieron de generación en generación y fue retomada por el pueblo en general aunque con nuevas peculiaridades importantes: el efecto sublimación funcionó y, rechazando radicalmente la oropéndola loca ya olvidada fuera de aquellos círculos marginales, el pueblo se aficionó a comer hongos de otras variedades; un viejo e irracional tabú pesaba sobre el hongo enteógeno: el de ser el hongo más peligroso, tabú que venía arrastrándose probablemente desde antes de la dominación romana.

De los "otros hongos" únicamente se osaba recoger aquellos que eran certificados directamente por la transmisión oral de los ancianos, es decir, por la cultura, y la prohibición mantenida inconscientemente en forma de terror hacia los especímenes desconocidos era una reserva tabú que hoy persiste con una vitalidad total (cualquier catalán se fiará mucho más del consejo de un campesino viejo que de un manual de micología).

Los pueblos que han sido micófobos son, excepto los anglosajones, y hablando en términos generales, aquellos que no han podido acceder a la *Amanita muscaria* por no crecer en su territorio. Son los pueblos que han mantenido hasta nuestros días el tabú total en torno al hongo, impuesto por los chamanes indoeuropeos.

No obstante, de momento fijémonos más en el importante mecanismo que conduce a los procesos o períodos de liminaridad, en los tabúes que surgieron en torno a estos estados liminares y en las substancias o prácticas que modifican el estado ordinario de la consciencia, que se encuentran en la base de los símbolos rituales de condensación, núcleo irracional y sagrado que mantiene unidos a una cultura y a un pueblo.

LOS ESTADOS MODIFICADOS DE CONSCIENCIA

A menudo, en conferencias, coloquios y discusiones con los amigos, cuando abordamos el tema de los estados modificados de consciencia, surge el interrogante: ¿qué es modificar el estado ordinario? ¿Qué peculiaridades específicas caracteriza un estado enteogénico? Por ello, creo que será conveniente fijar los límites semánticos.

El *Diccionario de la Real Academia de la Lengua Española* define así el término “consciencia”: “Propiedad del espíritu humano de reconocerse en sus atributos esenciales y en todas las modificaciones que en sí mismo experimenta. Conocimiento exacto y reflexivo de las cosas.”

Por tanto, el *estado ordinario* de la consciencia se da cuando un ánima tiene un conocimiento directo de sus atributos siguiendo un método considerado normal en una sociedad dada. Así de claro y simple. Eso, empero, no esclarece gran cosa ya que justamente la complejidad conceptual aquí viene dada por el intento de definir los parámetros de normalidad y anormalidad, definición que no nos da ni la antropología clásica, ni la psiquiatría ni ninguna ciencia natural (bioquímica, neurología, etc.). Examinemos el sentido de la modificación de consciencia desde una óptica sistémica.

Vista la relación que hay entre los estados modificados de consciencia y los símbolos rituales de condensación, podemos añadir que en antropología es cosa admitida que los símbolos rituales son estímulos de emoción, por un lado; por el otro, la psiquiatría acepta que los estados modificados de consciencia son necesarios para mantener un equilibrio mental correcto, equilibrio que deriva en desorden (enfermedad mental) cuando las tensiones de la consciencia superan la capacidad de asimilación de la mente. Por tanto, el conocimiento directo e inmediato que el alma tiene de su propia condición ha de seguir los diversos caminos que le muestren y vivencien las diversas partes constituyentes de sí misma. Las pautas cosmológicas de cada cultura permiten un conocimiento de la propia ánima hasta un límite determinado a partir del cual es preciso traspasar estas pautas ordinarias e ir directamente a los orígenes inconscientes, allá donde las pasiones nacen y donde los estímulos emocionales profundos actúan.

El salto controlado y seguro del contenido inconsciente a la consciencia, es necesario realizarlo para un equilibrio mental correcto, con más o menos regularidad e intensidad según los individuos y la cultura en que viven.

La mente, con todo lo que contiene de emocional, de afectivo y de normativo, es la base de los modelos cognitivos que los seres humanos hacemos de la realidad y de su construcción: eso está bien, aquello está mal, tal cosa es bonita, tal otra es angustiante o placentera, etc. De la realidad categorizada por la mente es preciso tener en cuenta tres dimensiones diferentes que forman una estructura sistémica (BUXÓ, 1980, I: 299-318). La *relación* entre el funcionamiento de la mente y la realidad que percibe es un proceso dinámico, justo lo que configura que sea un estado "ordinario" o un estado "modificado" de la consciencia; y en este sistema global proceso-estado pueden distinguirse tres núcleos fundamentales e interrelacionados:

a) el sistema humano, compuesto por el complejo mente-cerebro;
b) los sistemas culturales;
c) el ecosistema físico-ambiental, en el sentido de una ecología general.

Acerquémonos ahora a cada dimensión separadamente a fin de analizar la estructura a partir de la cual podremos definir en su totalidad un estado modificado de consciencia.

a) *El complejo mente-cerebro*: son dos realidades que no pueden medirse con el mismo rasero. El cerebro es una realidad neurofisiológica y la mente es una realidad simbólica. La consciencia se apoya en un funcionamiento bioquímico del cerebro (que puede modificarse fácilmente con productos alcaloides, psicofármacos, alcohol, una guindilla, etc.) y en una interpretación simbólica de la realidad hecha por la mente, donde entran la percepción-comprensión de la información sensorial y la lectura secundaria que hacemos de ella a nivel simbólico (tal forma tiene este sentido, tal otra es bonita, etc.)

b) *La cultura* es definible como el resultado establecido de la actividad mental del ser humano para ordenar y categorizar los símbolos que le llegan desde el ambiente físico y social con unas finalidades concretas. La cultura es lo que dará unos significados a los fosfenos y a las visiones provocadas por los estímulos (o por su falta extrema) que nos conducen a un estado alterado de la percepción y de la cognición, es decir: de la consciencia ordinaria. También la cultura de una comunidad es lo que conducirá a que unos ciertos individuos (adultos, iniciados, neófitos, etc.) en determinadas ocasiones (fiesta mayor, ritos de paso, ceremonias iniciáticas, etc.) rompan las pautas de conducta habituales mediante enteógenos, danzas, prácticas extáticas, períodos de liminaridad, etc., pudiendo así descubrir unas nuevas categorías de realidad no ordinaria que, entre otras cosas, evitan la explosión de las tensiones cotidianas;[12] pero la misma cultura también enseña que estas nuevas categorías son inviables para mantener el orden y la armonía social diaria y que es preciso regresar a la normativa. Los ejemplos más próximos y conocidos son las fiestas mayores que se hacían en los pueblecitos españoles hasta hace pocos años (en algunos aún se mantiene); se bebía alcohol en abundancia, se bailaba y, por caminos "ritualizados", se aplacaban las tensiones acumuladas durante el año entre los miembros de la misma comunidad y se alcanzaban unos estados mentales no ordinarios, aunque fueran superficiales si los comparamos, por ejemplo, con las ceremonias chamánicas primitivas. Después de la fiesta mayor se regresaba al ritmo y las categorías diarias, como si la cultura dijera a los individuos: "Es necesario que conozcáis la vida cotidiana desde fuera, como habéis hecho durante estos días, pero ya habéis visto también que no se puede vivir en un estado liminar permanente."

c) *El ecosistema físico-ambiental* conforma la tercera dimensión del sistema general: la totalidad física y ambiental es la matriz de las interacciones simbióticas entre la totalidad de los organismos vivientes y los no vivientes. Los ecosistemas naturales son los que proporcionan las substancias enteógenas tradicionales y los estímulos, y sumergida en este contexto, la consciencia obtiene potencialidades para alterar su funcionamiento cotidiano y descubrir unas categorías y unos ámbitos nuevos de realidad.

Nuestro trabajo teórico actual, que dejamos para otra obra,[13] trata precisamente de las peculiaridades específicas que tienen los estados modificados de consciencia, no en oposición a un estado "normal", sino por sí mismos y desde diversos ángulos: bioquímico, cognitivo, psicológico, cultural

12. En la obra de TURNER (1980: 103-123) encontramos un artículo magnífico titulado "Entre lo uno y lo otro" donde se examina cautelosamente y con una gran claridad la función social que tienen los ritos de paso.

13. He mantenido esta expresión del texto original, pero la obra a la que aludo fué publicada en 1989: *El sistema dinámico de la cultura y los diversos estados de la mente humana*, editorial Anthropos, col. Cuadernos de Antropología nº 9, Barcelona.

y social, etc. A fin de evitar la contraposición que es ir refiriéndose a ello como: consciencia no ordinaria (de donde se deduce que hay una ordinaria que es la central), estado alterado o modificado (de donde se deduce que hay un estado armonioso modélico), etc. creo que, considerando las singularidades específicas que tiene este estado de la mente, es importante buscar una denominación adecuada. Propongo que sea *consciencia holorénica.** El *holismo* es la tentativa de globalización de doctrinas y cosmovisiones diferentes y ésta es una de las cualidades más inequívocas de dicho estado: permite a la consciencia globalizar contenidos con referentes desiguales, aparentemente contradictorios incluso; es un estado mental de tendencia holística, opuesto a la consciencia analítica ordinaria, con un componente importante de carga emotiva que surge del inconsciente y está en la base de las creencias y patrones de comportamiento y de la creación estética.

* A pesar de esta propuesta terminológica, en trabajos posteriores he tendido a llamarla consciencia "enteogénica" o "enteógena" para comodidad de uso.

SEGUNDA PARTE

HECHOS

Fig. 3 Ejemplares de *Amanita muscaria* en estado fresco.

Fig. 4 *Amanita muscaria* seca; según las tradiciones esta es la forma de consumir el hongo enteógeno.

EFECTOS DE LA INGESTIÓN DE LA "AMANITA MUSCARIA"

Hablar de los efectos de una substancia enteógena o embriagante es siempre complejo y arbitrario, justamente porque provoca estados mentales que no se pueden reducir a la unidimensionalidad del lenguaje hablado, y menos a la del escrito. Requiere una terminología a veces inexistente y alguna experiencia similar previa por parte del interlocutor, en el sentido platónico. No se puede entender nunca literalmente el relato oral o escrito de una persona que haya pasado por experiencias místicas, paradisíacas o enteogénicas. Siempre es una forma de exponerlo carente de *poiesis*, en el sentido original del término como "estado creador de lenguaje". La gente que experimenta actualmente con substancias embriagantes ha necesitado crear una taxonomía propia, altamente inadecuada y grosera, pero mínima: flipado, colocado, volado, subida y bajada, llevar un globo, colocón, estar pasado, etc., que alude a unas excursiones psíquicas y a unos paisajes internos difíciles de definir, aunque bien conocidos por los que los experimentan. El mismo problema se nos plantea al hablar del efecto del "matamoscas", que provoca viajes interiores de una placidez y dulzura, o de un terror, inimaginables para el inexperto. El lenguaje usado por los místicos es una fórmula expresiva prácticamente incomprensible para los no iniciados aunque puedan entender el significado aislado de cada uno de los términos. Una persona ciega de nacimiento nunca sabrá qué son la luz, los colores y las formas externas visibles por mucho que domine el lenguaje hablado perfectamente.

Expreso por adelantado mi más absoluto respeto a todas aquellas personas que han dedicado la vida a la Poesía (que es infinitamente más insondable que escribir poemas), a la Mística y al Arte y han llegado por caminos distintos a los estados de la mente en que se sobrepasa ampliamente el cotidiano devenir del logos. Las personas que más critican las prácticas para modificar el estado ordinario de la consciencia, incluyendo una superficial ida a la discoteca, son los que exponen a gritos la necesidad que ellos mismos tienen de salir de su limitado mundo infecundo y marcado por las cuatro paredes conceptuales que los encierran.

El hongo conocido con el nombre botánico de *Amanita muscaria*, en Cataluña recibe los nombre populares de *oriol foll* ("oropéndola loca"), *reig de fageda* ("amanita de hayal"), *reig bord* ("oronja falsa") o *matamosques* ("matamoscas"). Tiene el sombrerete rojo manchado con puntos blancos, restos de la volva que protege el carpóforo cuando es pequeño. El pie, el anillo y las láminas de debajo del sombrero son totalmente blancos. El tamaño que llega a alcanzar es de hasta 35 cm. de altura y unos 20 cm. de diámetro y su aspecto general acostumbra a ser formidable: durante el otoño crece en los bosques de abedules (*Betula pendula*), de pinos negros (*Pinus uncinata*) y de hayas (*Fagus sylbatica*), bosques que, limpios como suelen estar de yerbajos y sotobosque, permiten que por encima de las hojas ocres que caen en esta época, se distingan a simple vista y de lejos, unas preciosas manchas rojas, de un carmín intenso y brillante, moteadas de un blanco inmaculado: la *Amanita muscaria*, el prehistórico enteógeno usado en todo el territorio de Eurasia, desde la punta más oriental en las tierras de Anadyr, cerca de la Península de Chukotka, pasando por la tribus que habitan los extensos valles que hay entre el Río Obi y el Yenisey, y también por los territorios escandinavos hasta la punta más occidental, donde crecen los árboles que las hospedan: Cataluña y el País Vasco, territorios en los cuales hallamos también las manifestaciones micófilas más occidentales.

Teniendo en cuenta que algunas substancias bioquímicas provocan en los seres humanos unos ciertos fosfenos estándar como, por ejemplo, determinadas figuras geométricas, formas abstractas, colores, etc., fuera extremadamente interesante hacer un estudio de grandes zonas geográficas donde se toma el mismo tipo de enteógeno o de embriagante y analizar las similitudes simbólicas formales y el carácter de los símbolos de condensación comunes. ¿Cómo casaría el estilo simbólico de toda la inmensa zona donde se había ingerido la *Amanita muscaria*, salvando las distancias pertinentes, con el de otras zonas culturales, teniendo en cuenta tan sólo esta variante?

Es en extremo curioso e interesante, yendo a otro ejemplo, que la descripción del demonio hecha por una gran diversidad de brujas de toda Europa -cuyas confesiones, aunque obtenidas bajo la tortura inquisitorial, vamos a creer en cierta forma sinceras y que se conservan en diferentes archivos- coinciden en las características generales: un hombre bajito, vestido de colores obscuros y siempre con alguna especie de sombrero o de objeto sobre la cabeza (barretina, capucha, cuernos, cubrecabezas de materias diversas, etc.). Yendo más allá, encontramos que todas las mujeres que confesaron haber mantenido relaciones sexuales con el demonio dijeron que era muy frío y que su semen era gélido (MURRAY, 1978:213). Si tenemos presente que las pociones preparadas por las mujeres consideradas "brujas" por la Inquisición estaban elaboradas básicamente con plantas solanáceas, se puede deducir que la manifestación es arquetípica de este enteógeno y que con la oropéndola loca probablemente descubriríamos un fenómeno similar.

Orientando de nuevo nuestro interés hacia al uso y efectos de la *Amanita muscaria*, es preciso recordar que el conocimiento inmediato previo, o bien el conocimiento tradicional transmitido por medio de la cultura sobre lo que cabe esperar de los estados modificados de consciencia, es capital. El hecho de conocer el efecto concreto de una substancia embriagante determinada (matamoscas, alcohol, café, cocaína, marihuana, etc.) predispone al individuo al cambio que le provocará el enteógeno o el intoxicante y le hace reconocer y categorizar incomparablemente mejor el efecto posterior, de la misma manera que el hecho de conocer un estilo artístico predispone a comprender mejor las obras concretas. Es la cuestión planteada por Carlos Castaneda sobre el aspecto consensual de las alteraciones de la consciencia y que Jacques Soustelle afirma cuando dice que no se puede abstraer un hecho social del contexto global en que está inscrito. En palabras de Soustelle, lo que distingue a los hechos que estudia el etnólogo de los que estudia el mineralista o el botánico es que los primeros tienen un sentido y cada uno es esclarecido por el conjunto de la cultura de la cual depende (SOUSTELLE, 1969:59). El uso de enteógenos tiene una significación social determinante y, a pesar de que la experiencia sea individual, la plasmación posterior de las visiones tiene un contenido cultural y social (en nuestro caso, el mundo de los duendes y de los gnomos).

Es tan importante el aspecto consensual del hecho que puede llegar a impedir la identificación del efecto a un individuo que no esté previamente preparado, que no haya seguido un aprendizaje: hablando de la intoxicación por la *Anadenanthera peregrina*, inhalada por los indios *waika* del Amazonas y los *iopo* de la cuenca del Orinoco, R. Evans Schultes no experimentó sensaciones de ningún tipo, mientras que los indígenas acusaron los cambios al cabo de pocos minutos de haber consumido la carga de *ebene* y establecieron una comunicación directa con los espíritus de las plantas, de los animales y de los parientes muertos.

En la intoxicación por la *Amanita muscaria*, el fenómeno es paralelo: hay una sensible variación entre los individuos referida a los niveles de control motor, las horas que dura el efecto de la intoxicación, el grado, etc., y, a pesar de reconocer un efecto global general en todos aquellos que lo han ingerido, las vivencias y las categorías mentales que se generan varían con el nivel de aprendizaje y con el propio mundo interior de cada individuo.

Expondremos algunas experiencias descritas por dos viajeros que han estado entre los indígenas siberianos y han comprobado el uso enteogénico del hongo, y a continuación el trabajo de P. Font Quer, antes de describir los efectos del matamoscas en mi propia autoexperimentación. Hay algunas diferencias, pero siempre dentro de un mismo arquetipo de visiones o estados mentales.

W.V. Jochelson viajó por Siberia en el año 1905 con la expedición Jesup del Pacífico Norte. Probablemente no llegó a ingerir *Amanita muscaria*, pero hizo una detallada descripción de los efectos que observó entre los indígenas siberianos, la tribu de los *koriak*. Según explica Jochelson, este hongo les produce intoxicación, alucinaciones y delirio. Los grados más ligeros de intoxicación van acompañados por una cierta excitación y una espontaneidad de movimientos. Muchos chamanes, antes de sus sesiones de curación o de reordenamiento social, toman matamoscas para alcanzar estados de éxtasis.

Bajo el efecto de una fuerte intoxicación, los sentidos se desorientan, los objetos de alrededor aparecen o muy grandes o muy pequeños, uno se siente menudo y se tienen alucinaciones, movimientos y convulsiones espontáneas.

Según lo observado por Jochelson, los ataques de gran excitación alternan con momentos de aparente honda depresión. La persona intoxicada queda balanceándose de un costado a otro, pero puede incluso participar en las conversaciones familiares. De súbito, los ojos se le dilatan, comienza a gesticular convulsivamente, habla con personas que se imagina ver, canta y baila. Entonces se produce un intervalo de descanso que el intoxicado aprovecha para tomar dosis adicionales de hongo. Jochelson pensaba acertadamente que hay razones para creer que el efecto de la oronja falsa sería más potente si el alcaloide que tiene no fuera expelido rápidamente del organismo por la orina. Los *koriak* conocen por experiencia este hecho y no tiran la orina de la persona embriagada por el hongo enteógeno: el sujeto mismo se la bebe para prolongar sus visiones y vivencias o la ofrece, a manera de invitación, a otros (JOCHELSON, 1908).

La descripción de W.V. Jochelson es una de las últimas observaciones directas y vivas que se han hecho de los *koriak* tradicionales, porque la occidentalización de Siberia, iniciada ya en el siglo XVIII, tiene durante los primeros decenios del siglo XX el punto culminante, durante el cual el proceso de aculturación llega a las tribus más remotas; evolución o cambio cultural forzado que siempre lleva inherente el uso del alcohol y la substitución de cualquier enteógeno o embriagante por éste: "la droga de los que se imponen, los blancos".

De las propiedades intoxicantes que tiene la orina de un individuo que ha ingerido oropéndola loca también nos da una explicación Georg Heinrich von Langsdorf, quien en el año 1809 publicó un trabajo extenso sobre el uso del hongo también entre los ***koriak***, donde ofrecía unas consideraciones interesantes y agudas teniendo en cuenta que eran en los comienzos del siglo XIX.

"Supongamos, por ejemplo, que el primer día se necesitan dos hongos para una intoxicación ordinaria; entonces la orina sola es suficiente para mantener la intoxicación el día siguiente. El tercer día la orina aún tiene propiedades narcóticas y, por tanto, se bebe un poco y al mismo tiempo se comen algunos hongos, aunque sólo sea la mitad de uno: eso permite conservar la intoxicación durante una semana o más, tan sólo con cinco o seis *Amanita muscaria*. Igualmente notable y extraña es la substancia narcótica extraordinariamente sutil y elusiva del matamoscas, que retiene su efectividad permanentemente y que puede transmitirse a otras personas: el efecto producido por la orina después de ingerir un sólo hongo puede transmitirse a una segunda persona, la orina de esta segunda persona afecta a una tercera y de manera similar, sin que los órganos de esta secreción animal lo cambien, el efecto pasa a una cuarta y a una quinta persona". (WASSON, 1968: 250. Traducido por el autor).

Esta descripción del naturalista alemán G.H. von Langsdorf es extremadamente clara -y tiene más valor aún si recordamos los pudores que invadían la época- y nos conduce a los numerosos cultos que tienen el ofrecimiento de orina como hecho capital:[14]

Como ciervo sediento, ven aquí a beber,
Bebe todo el soma que quieras,
Orinándolo día tras día, ¡oh generoso!,
Has asumido tú la fuerza más poderosa.
(INGALLS, 1971: 189. Traducido por el autor)

La descripción que hace P. Font y Quer del efecto de la *Amanita muscaria* es coincidente con las anteriores. Es una explicación válida, concisa y exacta. El eminente botánico catalán nos dice que quien ha tomado oropéndola loca empieza por alegrarse; se siente invadido por un regocijo travieso que suele manifestarse cantando y cualquier esfuerzo físico que intente realizar le resulta fácil porque el vigor muscular se eleva considerablemente. En ciertos

14. En la obra de Wasson (1968) hay un material abundante sobre los ofrecimientos de orina en diferentes cultos religiosos. Es un material de primera mano de gran valor.

sujetos, y según las dosis ingeridas, el fervor puede ir mucho más allá y convertirse en frenesí. No obstante, no suele durar mucho tiempo: la tranquilidad, un decaimiento notable y la somnolencia suceden a la excitación. El intoxicado acaba durmiéndose y en sueños cree contemplar hechos futuros, sobre todo, dicen, si antes lo ha pedido a Dios. Font Quer continúa explicando que al principio de la borrachera el juicio se mantiene en buenas condiciones, el afectado coordina bien y se siente feliz y satisfecho. Poco después llegan las alucinaciones: ve personas inexistentes cerca suyo a las que habla y comunica sus intimidades; pretende hacerlas partícipes de sus dichas, de las maravillas y bellezas que contempla, etc. Con las pupilas dilatadas, al sujeto intoxicado todo le parece enorme, de una manera tan prodigiosa que una pequeña concavidad puede parecerle una sima profundísima; un vaso de agua se le presenta como un inmenso lago (FONT QUER, 1983:LII).

Mis autoexperiencias con la *Amanita muscaria* descubren propiedades que los citados autores suelen dejar de lado. La causa está en el hecho de que la mayoría de citas que aparecen en los diversos estudios sobre este tema han sido extraidas de las obras de Wasson y de sus magníficos y eruditos trabajos de investigación etnomicológica, trabajos que han tenido mucha difusión entre los autores interesados por los problemas cognitivos, etnobotánicos, etc., pero una aceptación prácticamente nula, a pesar de su importancia científica, en medios académicos y universitarios. El hecho de que la mayoría de citas procedan de la misma fuente hace, naturalmente, que todas tengan las mismas virtudes y los mismos vacíos ya que realzan algunos aspectos por los cuales Wasson se interesó especialmente y olvidan otros que él no señaló.

Inicié mis experiencias muscarínicas con ejemplares recogidos en un bosquecito de abedules cerca del santuario de la Virgen de la Salud, en el municipio catalán de Sant Feliu de Pallerols. Éramos un pequeño grupo de personas compuesto por un médico, un amigo botánico y un erudito local en micología, sus esposas y alguna persona más. La intención era pasar un día en el precioso bosquecito de abedules, espécimen arbóreo difícil de encontrar en Cataluña, un país donde crece en lugares muy circunscritos, y recoger suficientes matamoscas para iniciar un ciclo de experiencias y verificar las hipótesis que tenía sobre la correlación entre el uso enteógeno del hongo y los mundos simbólicos y mágicos de los gnomos y enanitos que hallamos por toda Eurasia, aunque siempre también en territorios muy delimitados.

Los ejemplares del hongo que recogimos crecían a unos seiscientos metros de altitud, circunstancia que, si bien no le impide desarrollarse, no es la ideal para la *Amanita muscaria*, la cual varía substancialmente de contenido alcalóidico según el lugar y las condiciones naturales en que crece. Los hongos recolectados en parajes de poca altitud incluyen más cantidad de muscarina (el tóxico que provoca los vómitos muscarínicos) y menos de ácido iboténico y muscimol, los tan apreciados principios enteógenos activos de la oropéndola loca. El muscimol es la clave farmacológica que explica la costumbre de ingerir los orines, ya que los riñones expelen el muscimol prácticamente inalterado.

Parafraseando a Gordon Wasson en referencia a los estudios bioquímicos que potenció sobre la acción del hongo enteógeno, sabemos que el ácido iboténico está presente en el matamoscas fresco, en unas cantidades que varían mucho y que van desde el 0,03 por ciento al 0,1 por ciento. Cuando el hongo se seca, el ácido iboténico se desintegra gradualmente y se transforma en otro principio activo más potente y estable: el muscimol. Así, tenemos una situación única en la naturaleza en la cual un agente enteógeno se transmuta por sí mismo, por medio de una simple desecación, en otra substancia más fuerte. Gordon Wasson, en el libro *Soma*, aporta el testimonio casi unánime, que se extiende a lo largo de dos siglos y a través de toda la franja nórdica de grupos tribales habitantes del Valle del Obi hasta el Chukotka, según el cual la *Amanita muscaria* nunca ha de comerse fresca: hay que secarla, preferiblemente al sol. El conocimiento empírico de los nativos siberianos, y como expondré más adelante similar al verificado en Cataluña, ha sido ahora confirmado científicamente por los profesores Conrad H. Eugster y Peter G. Wasser de la Universidad de Zurich, químico y farmacólogo respectivamente (EUGSTER, 1967:416 - 418; WASSER, 1967:419 - 439).

La primera ingestión de *Amanita muscaria* que realicé, y a causa de los motivos expuestos, tan sólo me provocó violentos vómitos y una somnolencia profunda que no llegó a sumirme en un estado inconsciente.

El marco de la experiencia fue una casa de campo amplia y aislada, con abundante luz en el interior, una acogedora calefacción de leña y comodidades suficientes para sentirnos libres y a nuestro placer. La compañía que tenía era la de una pareja de amigos íntimos, que se había brindado a hacer de cuidadores y a atender mis necesidades más inmediatas, y un médico, también buen amigo desde años atrás, con los cuales no había ningún problema de tensiones personales que pudieran determinar ambientalmente la sesión. Todo el mundo estaba interesado en el experimento y la libertad de movimientos era absoluta.

En aquella primera ocasión ingerí dos unidades de matamoscas de tamaño medio. El primer vómito llegó a los veinticinco minutos aproximadamente, mezclado con una ligera somnolencia que no era precisamente la consecuencia de haber dormido poco o mal durante la noche anterior. Aquel estado se mantuvo cosa de cinco horas mientras ocupaba mi tiempo dibujando, hablando con los amigos que nos acompañaban y dando algunos paseos tranquilos por la casa. Al fin nos retiramos todos a dormir definitivamente dado lo avanzado de la hora que era. Los sueños de aquella noche fueron más vívidos que de costumbre, más luminiscentes y más largos, y al día siguiente por la mañana me levanté sin ningún tipo de molestia ni de cefalea. Esto nos recordó uno de los comentarios de G. H. von Langsdorf referido a los *koriak* cuando conocieron las bebidas etílicas, que alternaban con la ingestión de *Amanita muscaria*: preferían el hongo, entre otros motivos más profundos, porque no dejaba ningún tipo de resaca, en tanto que el alcohol sí.

Después de esta primera experiencia esperamos un año entero a que llegue el octubre siguiente. Cuando, por fin, los primeros fríos otoñales regresan y estos extraños seres de la naturaleza que son los hongos empiezan a crecer de nuevo, formamos una pequeña expedición para ir a buscarlos, pero esta vez a más altitud. En esta ocasión los ejemplares provienen de la Molina, cogidos a más de mil metros y prestando mucha atención a que no sean ni demasiado viejos ni demasiado jóvenes. Secamos los ejemplares en la misma casa de campo de antigua aristocracia del año anterior, y sin extraerles la cutícula superior.

En esta segunda ocasión ingerí dos ejemplares de hongo adulto pero no pasado, troceados una vez ya secos y mezclados en el café con leche de una mañana clara, luminosa y tranquila.

Inmediatamente reencontré el gusto repugnante de la *Amanita muscaria* que ya conocía. Esta seta, cuando está seca, emite uno de estos olores que una vez conocidos no se confunden nunca ni se olvidan en toda la vida: profundo, hasta el punto que el olor sólo ya llega directamente al estómago; acre sin llegar a ser áspero, cáustico, estomacal y expansivo. Bebo algún líquido que parece que ha de ayudar a disolver el gusto tan concentrado del hongo en la boca, pero éste, en lugar de refrescarme, adquiere el gusto y la calidad del hongo con la misma concentración. Este hecho me recuerda, en esta segunda experiencia con la oropéndola loca, que uno de los sistemas expuestos en los textos védicos para extraer las propiedades enteógenas del hongo era justamente dejar el matamoscas ya seco en maceración acuosa durante veinticuatro horas y después exprimirlo e ingerir el jugo amarillento mezclado con miel o azúcar sin refinar. Los principios activos son hidrosolubles y, según parece, no pierden potencia (cf. el capítulo "Bioquímica de la *Amanita muscaria*").

Así mismo, constatamos que, al igual que con todos los demás enteógenos, el mayor secreto de la tradición está justamente en la fórmula para preparar el matamoscas. Requiere algún complemento que ahogue el terrible gusto que tiene ingerido directamente y que evite al máximo los efectos eméticos de la muscarina. Precisamente por estos dos inconvenientes que presenta la ingestión del hongo comido directamente, entre los pueblos siberianos, en los textos védicos y en una buena cantidad de tradiciones religiosas que provienen de los indoeuropeos el hecho de ofrecer orina a un devoto -por parte de los dioses- o a un invitado era un gesto magnánimo y de agradecer: esta orina que contenía parte de la muscimola, principio activo enteógeno, evitaba a la persona convidada tener que pasar las incomodidades que produce la muscarina, es decir, los vómitos y el gusto nada sabroso. El individuo que tomaba directamente el hongo -o la deidad, si era el caso- realizaba la labor de filtro biológico.

En Siberia -hecho repetidamente constatado- los indígenas ingieren la *Amanita muscaria* de dos maneras diferentes: tomada directamente comiendo el hongo crudo y seco, o bebiendo el jugo previamente exprimido y mezclado con agua, requesón, miel o alguna hierba como el *Epilobium sp.*; o bien, bebiendo la orina de alguna persona que anteriormente haya tomado la oropéndola loca de la primera manera (WASSON, 1968:25). Por lo que se refiere a la planta *Epilobium hirsutum*, que pertenece a la misma familia de la que los siberianos y los hindus mezclan con el matamoscas cuando lo consumen, descubrimos una coincidencia significativa: en catalán tiene el nombre popular de *epilobi* o *matajaia* y en castellano se llama "hierba de San Antonio". A pesar de que en botánica no se le reconocen unas grandes aplicaciones (SCHULTES y HOFMANN, 1983:103-104), el hecho que en Castilla la relacionen con San Antonio es revelador, puesto que este santo es el protector de las demencia, las epilepsias, los ardores interiores y el fuego; y que el epilobio justamente sea la planta que según muchas tradiciones es el secreto clave al momento de preparar la oronja falsa para ingerirla, reafirma que hay una relaciones claras originadas, como mínimo, en la época medieval entre estos factores: el epilobio, la *Amanita muscaria* y la ingestión de este hongo que tiene potencia para modificar el estado ordinario de la mente.

Hemos recibido alguna noticia, de momento no confirmada directamente, de que en Cataluña, sobre todo en el Valle de Arán y la Cerdaña, antiguamente se tomaba el matamoscas mezclado con arándano negro (*Vaccinium uliginosum*). Consultando los trabajos de P. Font Quer y de otros botánicos, encontramos que esta planta crece en lugares húmedos, entre los mil quinientos y tres mil metros de altitud, en todo el Pirineo, precisamente en las regiones donde se mezclaba, según la tradición, con la oropéndola loca al momento de consumirla. Entre las virtudes del arándano negro descubrimos que, macerando los frutos en alcohol de vino, se obtiene una tintura usada contra las enfermedades catarrales del estómago y los intestinos (FONT QUER, 1983: 539-540), que es justamente el antídoto que necesita el consumidor del hongo.

Volviendo a los efectos de la oropéndola loca en la segunda de mis experiencias, he notado el inicio de los efectos al cabo de unos veinte minutos después de la ingestión. Lentamente han comenzado las ya conocidas congestiones gástricas que provocan vómitos bastante "automáticos", sin la pesada y desagradable sensación producida, por ejemplo, por una comilona excesiva, por tener el estómago mareado por algunos olores, o por el movimiento de un barco. La necesidad de expeler el contenido del tubo digestivo dura unos treinta minutos más y es acompañada por una incierta somnolencia. He arrojado todo lo que podía contener el estómago; naturalmente, también los trozos de *Amanita muscaria* ingeridos. Poco a poco la necesidad, repetimos que muy mecánica, de vomitar va desapareciendo a medida que me llena una sensación de fuerza inmensa y unas ganas de bailar, saltar y correr. Dado el contexto en que nos encontramos, decido ir a cortar leña, actividad para la cual me siento absolutamente predispuesto. El enervamiento muscular va acompañado -o se mezcla- de una gran locuacidad y de una animación muy distinta de la que provoca el alcohol: más intensa. En este estado, uno se sabe capaz de grandes esfuerzos físicos que bordean las proezas épicas clásicas y salgo a aserrar troncos sin tener ninguna impresión de cansancio. La verdad es que estamos admirados de nosotros mismos, a pesar de saber que nos encontramos bajo el efecto del matamoscas. Es un sentimiento de deleitación: reímos, cortamos leña y hablo eufóricamente con los amigos que me acompañan.

Hay un precioso mito siberiano que explican los *koriak* referido al primer héroe de aquella cultura, el Gran Cuervo, que ilustra el estado de la primera fase de la intoxicación muscarínica, la que experimentamos ahora: el Gran Cuervo captura una ballena pero descubre que no tiene suficiente fuerza para levantar la bolsa de hierbas con las provisiones que la ballena necesita para alimentarse durante un viaje tan largo. El Gran Cuervo invoca a la deidad Vahiyinin, que significa *Existencia*, y Vahiyinin le dice que vaya a cierto lugar, donde encontrará unos espíritus llamados *wapap*. Si el Gran Cuervo come uno de estos espíritus, obtendrá la fuerza necesaria para alzar la bolsa y ayudar a la ballena.

Vahiyinin escupe sobre la tierra y allá donde cae su saliva aparecen pequeñas plantas blancas con sombreros rojos sobre los cuales la saliva del Dios se transforma en pequeños puntos blancos. Estas plantas milagrosas, que el lector ya habrá identificado, son los *wapap*. El Gran Cuervo come algunas, como le ha indicado la deidad, y pronto se siente tan poderoso y eufórico que es capaz de alzar con toda facilidad la pesada bolsa de hierbas y gracias a eso, la ballena puede regresar a casa. Los *wapap* muestran al Gran Cuervo el camino que toma la ballena para regresar al mar y la manera como él puede regresar con sus camaradas. Cuando el Gran Cuervo ve todo eso, dice: "¡Oh, *wapap*!, creced por siempre en esta tierra" y la gente manda a los niños que aprendan todo lo que los *wapap* les enseñen (FURST, 1980: 164).

Según lo que he verificado posteriormente, este estado de plena euforia física y de un gran acaloramiento, risas y locuacidad no se presenta en todos los individuos que ingieren *Amanita muscaria* ni en el mismo individuo siempre que la come. Es un hecho general en todos los enteógenos y embriagantes que también encontramos en el alcohol: no siempre actúa haciendo sentir euforia a quien lo bebe, sino que puede obrar deshinibiéndo, simplemente mareando y hasta ayudando a caer en unas depresiones profundas con todos los pasos intermedios y mezclas de alteración emotiva posibles; hay artistas que beben alcohol para "ayudarse" en la obra creadora (para desinhibirse de los valores cotidianos y rutinarios) y paralelamente también encontramos personas que sintiéndose abrumadas por algún problema grave, toman destilados alcohólicos para evadirse temporalmente. El objetivo -salvando cualidades y niveles de profundidad en la modificación de la consciencia- es análogo: romper las categorías cognitivas que crean nuestra realidad cotidiana y externa, unas veces para evadirse y otras para poder reordenarla plasmándola en obras de arte o bien para reorganizar la realidad cotidiana trastornada.

Durante esta segunda experiencia con el matamoscas, la sensación de una gran potencia física ha durado aproximadamente una hora y media. Repito que en unas experiencias posteriores esta fase ha durado o más o menos, y que incluso algunas veces no he notado en ningún momento esta fase de la intoxicación que se manifiesta por la gran actividad cinética.

Mientras dura la fase que ahora describimos, he dado muchas vueltas alrededor de la casa solariega, he hablado y reído con los amigos que nos acompañan y nos cuidan, la leña cortada ha aumentado considerablemente en el montón donde se guarda, pero en ningún momento he sentido el menor impulso sexual. Lo que se percibe es un claro sentimiento de compañerismo comunitario, de compadrazgo directo y absolutamente asexual. Tampoco he observado que se haya despertado ninguna de las sensaciones somáticas habituales: apetito, frío, calor, cansancio, etc. Es como si se hubiesen suspendido, por así decir, algunas funciones sensoriales internas; o mejor dicho, como si no las reconociera de la misma manera que antes. Se tiene la clara impresión de no estar en una condición "normal" (según los cánones de "normalidad" establecidos), sino que realmente he advertido que estos impulsos miméticos y eufóricos están producidos por algo externo a mi. Sucede igual con los vómitos: noto que no son fruto de un efecto anteriormente conocido, son muy "mecánicos"; las pulsiones gástricas que los causan son débiles y poco angustiosas.

Al cabo de hora y media, las alteraciones espaciales que esperábamos comienzan a aparecer. La percepción del espacio comienza a deformarse según la experimentación tridimensional ordinaria. Lentamente, los objetos toman unos volúmenes enormes en relación a mi, comienzan a crecer, y una somnolencia profunda me invade. Los techos de la casa solariega van subiendo y subiendo. Hay un instante en el que no estoy seguro de poder abarcar con ambas manos el bolígrafo con que tomo las notas escritas, de tan grueso que lo veo. Los libros dispuestos sobre la mesa, delante nuestro, tienen todo el aspecto de unos cajones enormes donde me veo capaz de entrar entero si las cubiertas no fuesen tan gigantes. Para pasar el umbral de una puerta de salida de la casa, que se alza unos quince centímetros del suelo, doy un salto con las dos piernas. Todo es enorme. Me vienen a la memoria mil cuentos e historias tradicionales en las que un humano osa entrar a la casa de un gigante, o bien un gnomo lo hace al hogar de una familia humana y lo descubre todo de un tamaño descomunal.

La somnolencia, que hace un rato me ha agarrado, va aumentando y comienzo a percibir unas manchitas volátiles especialmente luminosas (¿fósfenos?) que van apareciendo indiscriminadamente ante mis ojos. Cuando recién se presentan, pasan casi desapercibidas, como si sólo fuesen parte del efecto del parpadeo que provoca el sueño; sin embargo, imperceptiblemente, van adquiriendo una esencia propia y parece que también una vida independiente de mi estado. Se mueven siguiendo una aparente voluntad propia. Son, buscando la mejor definición, como unas chispas muy luminosas que tienen vida. Muy movedizas y casi impertinentes. No acabo de perder totalmente la consciencia de lo que me rodea, pero la alteración de la mente es considerable en comparación con el estado ordinario. En un cierto momento, creo poder dominar con mi volición y pensamiento estas chispitas y hacerlas actuar según mi propio deseo. Es probable que sea así pero la impresión de autonomía que dan es muy fuerte.

Comienzo a escuchar voces que creo procedentes de fuera de nosotros mismos, entretanto la pesada somnolencia aumenta. En un momento dado, estoy seguro de que las voces provienen de las chispas y que nos quieren hacer comprender las ordenes sencillas y categóricas que nos dan. Suspiro profunda y lentamente. Transcurren unos minutos de angustia provocada por el hecho de no saber exactamente si aún estoy despierto -aunque víctima de unas evidentes alteraciones sensorio-imaginativas- o por el contrario si todo es una visión interna que tiene por marco de fondo el interior de la casa donde estamos. Decido levantarme de la butaca y caminar hasta la cocina de la casa esperando recibir así nuevos impactos sensoriales que me orienten sobre mi estado mental. Consigo levantarme con dificultad, pero esto no me ayuda: continuo angustiadamente confundido sobre el hecho de si estoy despierto o bien soñando con mucha claridad lo que creo ejecutar en el mundo físico. Yendo hacia la cocina, paso por el gran salón donde están nuestros amigos leyendo tranquilamente o hablando de diversas cuestiones. Me miran mientras me detengo un momento delante suyo, un poco aparte. Quisiera pedirles que me dijeran si estoy aquí verdaderamente, pero no puedo articular ninguna palabra ni tan sólo estar seguro de intentarlo. Ellos continúan con sus conversaciones sin concederme más atención: pienso que debo tener un aspecto externo normal, si es que no sueño.

Todo es muy confuso y el sueño comienza a ser determinante, pesado. Mi mirada trata de seguir el movimiento aleatorio de las chispas, que no paran, incansables, de moverse alrededor. Son muchas hormiguitas inquietas, simpáticas, activísimas. Escucho como me ordenan, de una manera ahora ya clara y definitiva, salir a saludar a los árboles si quiero continuar sano y vivo. El decreto tiene, para mi, una fuerza de carácter absoluto y capto que cumplir sus designios es realmente una cuestión de vida o muerte. No puedo oponerme ni de hecho ni de voluntad. "Saldré de la casa por la puerta de atrás", es mi última decisión. Mientras camino los cuarenta o cincuenta metros que me separan de las escaleras rústicas que conducen hacia el exterior por la parte trasera de la casa, haciendo esfuerzos para mantener el equilibrio, en cierta manera recobro la apreciación ordinaria de la realidad. De súbito, río al darme cuenta de lo que estoy haciendo: estoy saludando, casi pidiéndole perdón, al olmo (*Ulmus minor*) que hay en la parte trasera de la casa; todo es producto de los alcaloides, pero la realidad adquiere incuestionablemente unas dimensiones muy vivas, totales, que me hacen sentir englobado en una existencia inconmensurable, inefablemente más amplia que la de nuestras nociones cotidianas. A pesar de encontrarme en un nivel de la intoxicación que me mantiene con un pie en cada lado de esta disociación de la consciencia, aprecio el temible peligro de saltarse descontroladamente los esquemas cognitivos normales, de los cuales dependen nuestras apreciaciones, pero también reconozco el infinito ensanchamiento de los horizontes que comporta el hacerlo. Nos es dado conocer o tal vez sólo catar, la auténtica unidad con la Naturaleza de la cual provenimos; la comunicación, aún muy desordenada, con el resto del mundo vivo.

Por un instante, mientras regreso a la habitación donde nos hemos instalado confortablemente y donde desde un buen rato antes ya habíamos prendido una acogedora estufa de leña, me parece comprender claramente la etiología de los enanitos, gnomos o duendes: es una antropomorfización de estas chispitas que ahora me envuelven y me acompañan con impertinencia por toda la casa y que casi desaparecen de mi percepción del mundo al salir a la luz solar. Pregunto a una chica presente si ella también ve unos puntos muy brillantes, imprecisos y perdidizos que se mueven por la estancia. Ella no ve nada. Le explico qué estoy haciendo en este instante y ella ríe divertida.

De regreso al cómodo asiento, un balancín acojinado en el cual me hundo perfectamente, regresa también el sueño pesado, profundo, difícil de contrarrestar pero al mismo tiempo dulce, manso y bondadoso.

Decido tumbarme en la cama que hay en la habitación de al lado. Al momento en que me estiro en la cama y me cubro con una colcha, pierdo totalmente el ligero contacto que me quedaba con la realidad física inmediata y recuerdo haberme alzado volando y haber viajado por mundos indescriptibles, entre gente diversa y muy distinta de nosotros. La sensación es de ser llevado por alguien (¿aquello que los *chukchis* llaman el espíritu del hongo?).

Fig. 5 *En el* Codex Magliabecci *(Siglo XVI) un sacerdote ingiere hongos enteógenos. En el original, los tres hongos centrales son de color verde jade, hecho que indica el enorme valor sagrado que tienen. Detrás del sacerdote está el señor del Inframundo, Mictlantecuhtli.*

Durante las largas horas de letargia profunda es cuando la persona intoxicada tienen la sensación de conocer otras realidades que ultrapasan la tridimensionalidad, donde todo es maravilloso, de un fulgor excepcional y altamente poético. La luminosidad es increíble, las visiones parecen estar iluminadas por todos los focos del mundo o desprender una luz propia: es infinitamente superior a los colores centelleantes que provoca el alcohol. Esta realidad es la cognoscible en los estados enteógenos cuando se consigue dominarlos para que no se conviertan en experiencias realmente infernales. El sentimiento que tenemos es beatífico hasta unos límites inconmensurables y de plenitud total. La magia está exactamente incluida en esta realidad, forma parte de ella.

Como antropólogo interesado especialmente en los contenidos cognitivos de la realidad humana, estoy acostumbrado a hacer esfuerzos para captar con precisión el sentido riguroso de frases como por ejemplo "participación mística con la realidad", "realidades alternativas", "la noción de sobrenatural, mágico y misterioso en relación a un tabú entre los pueblos primitivos", etc., pero nunca como ahora había visto de una manera tan consciente el sentido de estas fórmulas. El análisis, en el sentido de dividir y estudiar las partes aisladamente, ahora no tiene ningún sentido. Este es el reino de la Unidad infinita, del Todo, de los colores que al mismo tiempo irradian luz, que se pueden oler, palpar por ellos mismos y transformar en ritmo musical. Es una experiencia del Paraíso que se rompe cuando la consciencia lógico-analítica se desvela y nos atrapa en el mundo unidimensional, cuantificable, analizable. A pesar de todo, hay un conocimiento discernible de esta "realidad mágica". Diría que ahora no analizamos, pero que la pensamos y comprendemos. No me refiero a una consciencia limitada al racionalismo, que tan sólo es una parte de ella, sino a una consciencia capaz de "vivir" lo que "piensa" y que, a pesar de no tener una normativa sistematizada, sí que contiene y manifiesta un "orden interno" que le permite acoplarse al orden cósmico, divino y *conocer*.

Como consecuencia de esta segunda ingestión de *Amanita muscaria* duermo -en un sentido corporal, externo, pero no mental- hasta la mañana siguiente. Aproximadamente, unas dieciséis horas. No estaba previamente cansado ni necesitaba dormir tanto. Fue un sueño totalmente activo. El cuerpo permanece quieto, adormecido, muy tranquilo y relajado, pero la mente viajó vívidamente y de una manera incansable por otros mundos indescriptibles, conoció a otros seres vivos diferentes de nosotros, y se perdió aterrorizada en muchos momentos de caos, alternándose sin linealidad en el tiempo estados de una beatitud perfecta y de conocimiento *de aquello de divino que hay en el mundo*, con instantes de pánico y terror provocados por el desconcierto de no conocer absolutamente nada. Estas visiones que se tienen durante la fase del reposo son justamente lo que los siberianos buscan con avidez y que mantienen durante días consecutivos bebiendo su propia orina o bien ingiriendo más hongos.

Probablemente, los viajes de las brujas medievales no variaban demasiado: ya es ampliamente conocido que la escoba no era más que el palo que usaban para untarse las mucosas de la entrepierna con los preparados enteógenos a base de vegetales, sobre todo provenientes de la familia botánica de las solanáceas. También durante estos viajes, los chamanes dicen visitar a los muertos, reencuentran el origen y la génesis de los hechos, de enfermedades que afectan a miembros de la tribu y perturban el orden humano cotidiano, ven a los dioses y negocian con ellos y, para acabar, se trasladan a los orígenes de su cultura revivificando nuevamente los propios valores e imprimiéndoles el carácter de trascendencia que tan sólo estos estados modificados de la consciencia permiten. Dan sentido *trans* a las obras de arte y a los símbolos de condensación, los cuales casi siempre tienen forma de obras de arte: el arte es el lenguaje que ordena las manifestaciones de los símbolos y contenidos de los rituales de condensación (creo que debido a esta íntima relación ocurre hoy que los publicistas y los directores de cine, a pesar de usar incorrectamente y de una manera superficial los símbolos de condensación -no osamos llamarles rituales- van ocupando el lugar de los "artistas" de las artes plásticas clásicas, que en muchos casos se dedican a un arte por el arte que elimina todo el sentido *trans*).

En los efectos producidos por la ingestión de la *Amanita muscaria* he reconocido y recreado la iconografía tradicional, los cuentos, las costumbres y creencias, etc. referidos a los duendes, enanitos y gnomos, y a su mundo paralelo al humano. Dedico los capítulos siguientes a desentrañar, analizar y exponer esta afirmación verificándola a partir de mi trabajo de campo.

(Una costumbre actual minoritaria entre algunos jóvenes es fumar oropéndola loca seca y triturada. Los efectos producidos son superficialmente similares. La peculiaridad dominante es la luminosidad que parece adquirir el entorno: no se pierde nunca el contacto con el contexto, pero se nota una pesadez en la cabeza acompañada de una cierta dificultad de raciocinio; la somnolencia se presenta tan sólo en algunas ocasiones y no llega a dominar nunca al intoxicado por inhalación.)

PUEBLOS MICÓFILOS Y MICÓFOBOS DEL VIEJO MUNDO

"La tendencia de la investigación moderna se orienta cada vez más hacia la conclusión de que, si la ley está en algún lugar, está en todas partes." (TYLOR, 1977:1) Paralelamente al gran antropólogo E. Burnett Tylor, autor de las palabras anteriores, pensamos que para encontrar algunas de las regularidades o leyes que gobiernan a la mente humana, tenemos un camino sólido en la investigación de los orígenes históricos. Todo nace de acuerdo con unos requerimientos reales que lo crean y posteriormente se va adaptando a las diferentes necesidades o manteniéndose en la forma original como supervivencia. Es necesario tener siempre presente el contexto y el momento histórico en que surgen los hechos como una totalidad que origina las creencia y los utensilios, pese a poder ser estudiados sincrónicamente con una metodología estructuralista.

El fenómeno de la micofilia merece una exposición general divulgativa que analice las variantes coincidentes en las zonas donde se encuentra, los orígenes culturales de cada pueblo y la historia que lo ha llevado a mantener la actitud micófila hasta nuestros días. El "para qué" un pueblo determinado tiene actitud micófila, en un cierto sentido funcionalista, será expuesto en un trabajo futuro que preparo y que será un análisis sincrónico. En el presente libro tratamos el "por qué".

En diversas zonas -la mayoría- donde hoy se consumen hongos (micofagia) la adquisición es muy reciente y no ofrece ninguna relación con los pueblos que lo tienen como una singularidad tradicional, donde encontramos una amplia nomenclatura popular en torno a los hongos, canciones populares y antiguos cuentos que hablan de ellos, etc. En Castilla y en la Gran Bretaña, por ejemplo, dos culturas profundamente micófobas, se consumen hongos desde los años sesenta de nuestro siglo aproximadamente, pero siempre son adquiridos en el mercado -nunca recogidos en el bosque por el mismo consumidor- y dicho consumo de setas es una consecuencia de la difusión gastronómica habitual hoy en todo el Occidente.

A grandes rasgos, que más adelante detallamos, puede afirmarse que la cuenca mediterránea es de carácter micófilo y que la vertiente atlántica es micófoba. Los pueblos que encontramos en cada uno de las vertientes del Viejo Mundo responden a ambas actitudes con algunas excepciones que veremos más adelante.

PUEBLOS MICÓFILOS

Cataluña

Los catalanes son, después de Rusia, el pueblo con un carácter micófilo más acentuado. La gente come hongos, conoce diversas maneras de cocinarlos, los distinguen, nombran y los recogen para consumo propio, para regalar y para vender. Los hongos son un catalizador emocional importante y son estimados hasta el punto de constituir una comida "especial" (cf. el capítulo "Muestra estadística") en las mesas catalanas. Se pueden registrar cerca de tres centenares de nombres populares de hongos en Cataluña.

Por lo que sabemos en la actualidad, los catalanes han dado nombre a un centenar de especies fúngicas distintas; es decir, que de las 1458 especies de hongos recolectables que crecen en Cataluña el pueblo catalán conoce unas cien. Si consideramos que estas cien especies representan tan sólo el 6,8 por ciento de la totalidad, la cifra puede parecer muy exigua. Sin embargo, la micofilia no da para más. Muchos especímenes pasan inadvertidos para el profano por su rareza o, sencillamente, porque no son comestibles ni tienen nada de llamativo. En la realidad encontramos cerca de trescientos nombres populares de hongos en lengua catalana (según las *Memorias de la Real Academia de Ciencias de Barcelona*, 1960), pero muchos de estos nombres se refieren a una misma especie, que se denomina de manera diferente en diversas regiones. Cuanto más conocido es un hongo, más unificado tiene el nombre y al contrario. Los que tan sólo son conocidos en ciertas zonas, o nada más por las personas más aficionadas a los hongos, suelen recibir diferentes apelativos locales. Esta gran cantidad de nombres populares de los hongos en Cataluña es una singularidad determinante de los pueblos micófilos: demuestra que es un conocimiento extenso, antiguo y muy arraigado en la cultura de un pueblo determinado.

A pesar de todo, lo que hemos denominado "tabú del hongo" es un hecho claro también en Cataluña: el pueblo no come sino los hongos que conoce por transmisión oral y no se arriesga nunca a probar los desconocidos, ni tan sólo un trozo a manera de experimento. Se confía más en la información tradicional recibida vía oral de algún campesino que la que contienen los manuales científicos de micología.

Una de las preguntas que nos formulamos al iniciar, hace más de seis años, los estudios y las investigaciones etnomicológicas es, precisamente: ¿por qué la gente (refiriéndonos a los catalanes) tiene un terror auténticamente visceral e irracional a probar nuevas especies de hongos, cuando en realidad tan sólo hay algún tipo de espécimen mortal (el principal de los cuales es la *Amanita phalloides,* o *farinera borda* en catalán) y la inmensa mayoría son buenos o sencillamente amargos, duros o ligeramente indigestos, pero no comportan ningún peligro grave? Y, en cambio ¿por qué las plantas, entre las cuales sí encontramos muchas especies tóxicas y mortales, en las tradiciones se han usado libremente para preparar recetas, hasta el punto de incluir, sin temor, especímenes que, además de ser peligrosos, su uso viene indicado en medidas que fácilmente pueden ser mal interpretadas (un puñadito, un poco de extracto, lo que cabe en una moneda de a cinco, etc.)? ¿Por qué el pueblo se fía más de las plantas que de los hongos, cuando objetivamente, el peligro es a la inversa?

Estas preguntas y otras similares, formuladas repetidamente durante años, nos han llevado, mediante diversos estudios y vericuetos, hasta las conclusiones de hoy: los pueblos micófilos también participan del tabú del hongo que manifiestan explícitamente los pueblos micófobos; sin embargo, viven el tabú con unas ciertas excepciones que permiten una actitud afectiva positiva, opuesta ante algunos especímenes a la repulsión micófoba.

Si nos fijamos detenidamente, nos daremos cuenta que sería más sencillo transmitir por vía oral el conocimiento de los hongos realmente tóxicos que crecen en territorio catalán que no los que se consideran apreciados (por ejemplo, el *Boletus granulatus* -albarela o *molleric,* en catalán- en la comarca del Vallés es apreciado, mientras que en el septentrional Ripollés la mayoría de los buscadores de setas no lo recolectan, incluso hasta lo desconocen). La transmisión oral informa de un cierto número de ejemplares comestibles y considera al resto de setas como absoluto tabú: no se les da ninguna posibilidad de entrar al panteón de los hongos apreciados. Con las plantas, en cambio, sucede un fenómeno radicalmente opuesto: si no hay ninguna prohibición tabú que las proteja, se las trata con naturalidad y se las conoce, con nombre incluido -por lo menos en el mundo tradicional- a pesar de no usarlas para ninguna finalidad explícita terapéutica, ni gastronómica, ni mágica, ni religiosa, ni práctica.

Una verificación reciente fue llevada a término por un conocido nuestro que ocupó durante una temporada la plaza de médico rural en el pueblecito de Maçanet de Cabrenys (en la comarca del Alto Ampurdán). Durante estos meses, y gracias a su tenacidad y a su interés, recogió 186 recetas médicas tradicionales de aquella zona basadas en el uso de plantas, y comprobó también que la gente del pueblo podía distinguir hasta 106 especímenes diferentes de vegetales de su entorno. Estos 106 tipos de plantas distintas son extremadamente significativos si lo comparamos con los diez o quince ejemplares de hongos que se conocen en los casos de mayor erudición local.

Hay una gran cantidad de argumentos para rebatir esta postura: los hongos crecen durante una temporada corta y las plantas ofrecen mucho más tiempo para ser clasificadas; las plantas tienen muchas más aplicaciones prácticas y religiosas que los hongos y, por tanto, el interés de conocerlas es mayor, etc. Ante estos argumentos se puede contrarreplicar que, en cambio, los hongos, en Cataluña, despiertan objetivamente unas simpatías mayores que las plantas, que por sus peculiaridades suscitan infinitamente más curiosidad (crecen en veinticuatro horas, sin semillas, enseguida se pudren, etc.), que un buen buscador de hongos consigue un prestigio local que tiene algunas características similares a las de un buen cazador o un buen pescador... y que cualquier campesino conoce a los animales que viven en su ecosistema, aunque se trate de especies migratorias o no aptas para uso humano.

Los argumentos contrarios al nuestro justificarían hasta cierto punto que, comparativamente, no se conozcan tantos especímenes de hongos como de plantas, pero no la actitud profundamente arraigada que impide conocer nuevas variedades de hongos a la inmensa mayoría de catalanes y de pueblos micófilos en general: tan sólo recogen los que aprendieron a distinguir durante su infancia y llevados de la mano de alguna persona adulta.

Una anécdota explicada por el doctor Pius Font Quer es definitivamente ilustrativa de los recelos tabú que tienen los pueblos micófilos hacia los hongos desconocidos. Durante el plan quinquenal de investigación micológica en Cataluña, iniciado en el año 1931, el prestigioso botánico y otros destacados especialistas nacionales e internacionales salieron a recoger y clasificar setas a la sierra del Montseny. Entre otros, reunieron una buena cantidad de *Amanita rubecens* -sin nombre popular-, una seta desconocida para los aficionados a recoger hongos, pero de gusto excelente.

Llegados al pueblo de Sant Marçal, encargaron la comida y dejaron las amanitas al cocinero del hostal para que se las preparara. Sin embargo, éste se negó en redondo. Esos hongos, le dijo, eran malos y no los quería cocinar en el hostal; los propietarios no quisieron hacerse responsables de lo que pudiese suceder. El doctor Font Quer tuvo que insistir y hacer valer su ascendente en la casa: les dijo que el profesor Maire, que lo acompañaba, era uno de los micólogos más sabios del mundo y que si recomendaba un hongo como excelente para ser degustado, había que creerle sin dudarlo. Finalmente, accedieron a sus exigencias con muchos recelos difíciles de borrar. (FONT QUER, 1983: 14)

Fig. 6 *Los espacios punteados correponden a las zonas micófilas de la Península Ibérica (País Vasco y Cataluña) y a la zona francesa de Occitania.*

A pesar de la oposición irracional y pasional contra los hongos "no certificados por los entendidos locales" (la mayoría de veces, las personas de más edad), y en contraste con los castellanos, anglosajones o gallegos micófobos, el pueblo catalán es un grupo cultural micófilo que reúne todas las singularidades de este hecho. Incluso en lengua catalana existe el sustantivo *boletaire*, derivado de *bolet* ("hongo", "seta"), para referirse a las personas muy aficionadas a buscar hongos por los montes y prados. En lengua castellana se traduciría por "hongueros" y la gente se pregunta y comenta cosas como: "Sí, yo soy muy honguero", "¿eres honguero?".

Las zonas de Cataluña más marcadamente micófilas son el noreste, hasta llegar al macizo montañoso del Montseny y los valles pirenaicos de Andorra. Precisamente allí donde, en términos generales, descubrimos los bosques de abedules, abetos y pinos negros, árboles que hospedan a la *Amanita muscaria* creando la simbiosis natural que le permite crecer.

En dirección septentrional, se registra micofilia en todo el territorio occitano hasta el antiguo condado de Poitou, cuya capital actual es Poitiers, dentro del estado francés. Ya en un texto en lengua occitana del siglo XIII, probablemente el más antiguo de los que hablan del consumo de hongos en aquella zona, encontramos una corta referencia a la micofagia: *Es propri a peras tolre a boletz tota la maleza, ab els cuechas* (COROMINAS, 1981, II: 68); es decir, se recomienda cocerlos con peras para sacar las toxinas de los hongos malos que equivocadamente se hayan podido recoger. La misma advertencia cautelosa encontramos en Plinio el Viejo, polígrafo latino nacido en el siglo I d.C., que denomina a los hongos *deorum cibus*, "manjar de los dioses" (GRIÑÓ, 1977: 16), una denominación idéntica a la que les dan los griegos (cf. apartado "Grecia"). La influencia helénica de Plinio el Viejo [15] se pone aquí de manifiesto porque los romanos imperiales eran micófilos decididos y usaron poco o nada los hongos como agentes enteógenos o, en todo caso y a excepción de algunos grupos religiosos como probablemente los Efesios, no tengo notícias de ello. La prudente recomendación de cocer peras con los hongos es una creencia de origen romano, lo que pone en evidencia su hábito de consumir setas en lugar de relacionarlas con los dioses.

Regresando a Occitania, se encuentra una amplia nomenclatura popular referida a los hongos; la gente los come, los recoge, los aprecia y no tiene ninguna aversión a los especímenes conocidos. Al contrario, los recubre de una clara y especial actitud afectiva.

15. Gai Plinio Segundo, más conocido por Plinio el Viejo, fue más un escritor científico que un literato a pesar de que se le conoció extensamente por su actividad literaria. Se educó entre los miembros de la clase de los *equites*, probablemente en Roma. A partir de los veintitres años de edad, pasó doce años en el ejército romano acuartelado en el Rin, donde escribió algunos tratados de caballería y crónicas de la Germania. Aparentemente no tuvo ninguna relación directa con los griegos, pero la educación recibida entre la clase culta, puso a su abasto muchas informaciones sobre la vida helénica.

Italia

El norte de este país es manifiestamente micófilo pese a no poseer el mismo grado de estimación hacia los hongos que encontramos en Cataluña o en Rusia. Los italianos comen y conocen los diferentes tipos de hongos aunque con mayor restricción en cuanto al número de especímenes, y no se observa un afecto tan claramente catalizado hacia las setas como en los territorios anteriormente nombrados. De todo el pueblo italiano, en la Toscana y el Piamonte es donde la gente presenta el carácter más micófilo. Esta actitud de los italianos tiene sus antecesores directos en los romanos, de los cuales hablaremos más adelante, y ha viajado a través de toda la Edad Media, sucediéndose de generación en generación, hasta nuestros días. Para ilustrarlo tomaré los escritos de Pietro A. Mattioli, reconocido médico y naturalista nacido en Siena en el año 1500. Mattioli nos dice que los hongos son muy conocidos por todos y que, aunque Dioscórides tan sólo indica dos especies en su clasificación, los buenos y los nocivos, como es bien sabido hay más y de diversas clases. Mattioli se dio cuenta de que en la Toscana, más fértil que el resto de Italia, es donde el pueblo se muestra más micófilo. Entre todos los hongos ostentan el primer lugar aquellos que se denominan *prignoli*, que nacen cada año en el mes de abril con las primeras lluvias; son muy perfumados, de un sabor agradabilísimo y sin peligro. Además de este espécimen, y siguiendo a Mattioli, en la Edad Media -y también en la actualidad- se aprecia especialmente a los que en italiano se denominan *porcini* (*Boletus edulis*) hongos que puestos en agua y fritos después de enharinarlos bien, son muy agradables al paladar. En la Toscana, los verdaderos *porcini*, después de hervidos, se guardan en sal y se comen en Cuaresma y durante otros días de vigilia del año. Mattioli menciona otros especímenes conocidos en el siglo XVI en Italia, como los *prataiuoli*, *turini*, *boleti d'orcelle*, *cardarelle*, *ordinali*, *parigiole*, *vescie di lupo*, *manine*, etc. (tomado de FONT QUER, 1983:16).

Mientras que en la Italia septentrional la gente es declaradamente micófila, en la Italia meridional la peculiaridad mengua. Entre los habitantes de la Península Itálica, los hongos disfrutan de un trato especial a la hora de ser ingeridos, como hemos visto: se guardan para la Cuaresma y las vigilias especiales, días de marcado carácter religioso que se distinguen de los del resto del año.

La actual micofilia italiana tiene su ascendente directo en la micofagia del Imperio romano, registrada ampliamente en diferentes vocablos y en una gran cantidad de referencias históricas que nos han llegado.

En la Roma Imperial los hongos eran un manjar muy apreciado. Se tenía una predilección especial por la trufa blanca (*Tuber aestivum*), que los nobles y los patricios hacían importar de Africa porque en Europa no se encuentra. Esta trufa, la blanca, según la tradición pasa por ser un potente afrodisíaco, y probablemente se deba a esto que San Agustín, en las cartas *De moribus manichaeorum* (13.30), prohibió su consumo a los cristianos. También nos han llegado abundantes referencias del inmenso aprecio gastronómico que los romanos sentían por el hongo conocido en castellano como "oronja" (*Amanita caesarea*), que ellos llamaban, como el nombre latín explicita, "manjar de los césares". Estos hongos eran preparados en vasos de plata, que era el trato que se daban a las cosas preciosas, y eran cortados y servidos en vasijas denominadas *electrum*, fabricadas a base de una aleación de plata y oro. El respeto que rodeaba a este alimento es indicativo de la consideración especial que los hongos recibían entre los patricios romanos, consideración equiparable a los objetos religiosos y que encaja perfectamente con la micofilia sagrada del mundo helénico, del cual los romanos eran herederos, como veremos más adelante.

Volviendo de nuevo a la normativa doctrinaria que San Agustín dio a los devotos cristianos, aproximemos el enfoque y analicemos minuciosamente el sentido de sus palabras, en las cuales encontramos una referencia clara a la *Amanita muscaria*, incomprendida hasta ahora por el problema de las traducciones.

Aurelio Agustín, posteriormente venerado como santo por la Iglesia Católica, vivió entre el 354 y el 430 d.C. Hijo de madre cristiana y padre pagano, no fue bautizado sino hasta que se adhirió al cristianismo en el año 386, a los treinta y dos años de edad. Antes había sido prosélito, primero del maniqueísmo y más tarde del escepticismo. En su concepción de los seres humanos creía que las criaturas, contingentes y temporales, contenían el mal; pero no según la concepción de los maniqueos, como una realidad positiva, sino como la corrupción o privación de una perfección que el ser debería poseer de forma natural. La inclinación actual a apartarnos del bien esencial, el auténtico bien, es una consecuencia del pecado original que nos robó la libertad (no el libre albedrío), únicamente recuperable mediante la gracia.

Entre la actividad doctrinaria y de proselitismo llevada a término por San Agustín hallamos constantes indicaciones para mostrar el camino de la gracia, entre ellas *De moribus manichaeorum*. Aurelio Augusto fue, durante toda su juventud, un maniqueo devoto y el maniqueísmo, juntamente con el zoroastrismo y el mitraísmo, es una religión de origen iraní en la cual es muy probable que las substancias enteógenas ocuparan un lugar principal en las ceremonias y cultos. Estas religiones se encuentran en la base del protocristianismo, el cual cogió de ellas elementos tanto de forma como de fondo, cosmologías y peculiaridades, elaborando un sincretismo religioso que ha llegado hasta nosotros bajo la forma del cristianismo original.

En la carta citada, dirigida a los devotos cristianos, Aurelio Agustín les contraponía las creencias maniqueas -las cuales conocía muy a fondo-, prohibiéndoles por ello y entre otras cosas, comer arroz (entonces un lujo en Roma), beber vino dulce hervido (muy embriagante ya que la glucosa, abundante en el vino dulce, se transforma en alcohol durante la ebullición), comer trufas, *tuber-eris* (acreditado afrodisíaco) y *boleti*, habitualmente traducido por "hongos" o "fungos", o el genérico que corresponde en cada lengua románica.

Es justamente en esta traducción donde hay un error repetido y muy importante: entre los romanos, el término genérico que designaba a estos especímenes vegetales, las setas, era *fungus -i*, y no *boletus*. ¿A qué se refería, entonces, San Agustín exactamente con esta palabra? A simple vista, no tiene ningún sentido que prohibiese la ingestión de hongos en general a un pueblo marcadamente micófilo y, contrariamente a las prescripciones restantes, ésta no tiene, en apariencia, una finalidad espiritual o doctrinaria clara. Fijémonos en los otros alimentos vedados y encontraremos la relación que une a algunos de ellos: son substancias que provocan alteraciones psíquicas (vino dulce hervido embriagante y trufas afrodisíacas).

El término latín *boletus* no hace referencia a los hongos en general, tal como suele traducirse, y a pesar de que en algunas lenguas románicas modernas el generalicio haya adoptado esta raíz; por ejemplo en catalán el término es *bolets*, en tanto que en castellano es hongos o setas. Con la prohibición, San Agustín se refería concretamente a un antiguo género de hongos, los agáricos, entre los cuales se encontraba la *Amanita muscaria*. Diversos autores contemporáneos también se han referido en más de una ocasión a este hongo denominándolo "mosca agárica", como R. Gordon Wasson, P. T. Furst, R. Evans Schultes, Langsdorf, etc., y el nombre que tiene en inglés es *fly-agaric* ("mosca agárica"). El apelativo "mosca" se le aplica por las manchas blancas que tiene sobre el sombrero, y "agárica" justamente por el antiguo nombre.

El género de los agáricos actualmente comprende hongos como el *Agaricus bisporus* (champiñón), el *Agaricus campestris* (campestre, seta campesina), el *Agaricus silvícola* (*rubiol de bosc*, en catalán; sin nombre popular castellano) y un par de *Lepiotas*; antiguamente, empero, tan sólo se refería a un tipo concreto de hongo.

¿Aludía el santo concretamente a la oropéndola loca o falsa oronja? Es un tipo de hongo que entraba en la denominación *boletus*, tiene unos efectos enteógenos y embriagadores probablemente conocidos por los maniqueos (que durante los primeros siglos de la era actual convivían cotidianamente y en un mismo territorio con los devotos de otros cultos, entre ellos el cristiano) y concuerda con las peculiaridades del resto de sus prescripciones.

Buscando el significado castellano del término latín *boletus* en el diccionario de A. Blánquez (BLÁNQUEZ, 1960, I:278), encontramos: "Seta; oronja (la mejor clase de setas)." El espécimen considerado óptimo por excelencia, hoy y hace dos mil años, es sin duda la *Amanita caesarea* (oronja o amanita de los césares), efectivamente de tonalidades anaranjadas; no obstante, el matamoscas también adquiere texturas cromáticas de colores semejantes (por este motivo, anualmente se producen confusiones entre los recogedores de hongos poco expertos). El adjetivo "oronja" puede aplicarse a uno y otro hongo. ¿Quizá el autor del diccionario añadió *motu proprio* el comentario del paréntesis guiado por su propio saber popular?

Por otro lado, siguiendo las indicaciones del eminente lingüista y filólogo J. Coromines, encontramos que la palabra agárico (tomado del griego αγαριχόν) aparece con la variante reducida *agari* en el recetario valenciano de Misser Joan, del 1466, donde alude a alguna droga o algún ungüento hecho con el hongo agárico. También encontramos el mismo término en el *Passi en cobles* y en el *Procés de les olives*, textos catalanes de finales del siglo XV. Según el filólogo citado, es preciso sospechar que el mismo nombre del ungüento, pronunciado *agárip*, es el punto de partida de la forma *agáripa* que aparece en el texto *Tresor dels pobres*, "Tesoro de los pobres" (¿siglo XIV?). Así mismo, también descubrimos la forma *agárich* en un inventario aragonés de 1488 (*B. Hisp.*, LVII, 447), la cual, como las anteriores, respira un aire claramente catalán (COROMINES, 1980, I:71).

Las etimologías encontradas, de la que aquí solo cito algunas ilustraciones, son suficientes para creer que, efectivamente, en su origen el término "agárico" hacía referencia a la *Amanita muscaria* en concreto, aunque con el paso del tiempo se convirtiera en el término genérico para denominar las setas en algunas hablas románicas.

Retomando el análisis del término *boletus*, recordemos que en el Bajo Imperio Romano el término genérico para aludir a estos seres vegetales era *fungus-i*, palabra proveniente del latín culto que ha proporcionado el generalicio en diversas lenguas románicas: hongo, fungo, fong, etc. En cambio, en catalán y en otras lenguas de pueblos micófilos ha dominado la palabra tomada del original *boletus* (en catalán *bolet*), que según J. Coromines es de una etimología más antigua ciertamente desconocida. Tal vez podría venir del griego βωι'ιζης (bôlites). A pesar del desconocimiento de un origen verificado, es casi seguro que no proviene de un vocablo indoeuropeo. J. Coromines, uno de los más destacados filólogos y lingüistas contemporáneos, no puede certificar si fue un término tomado del griego por el latín o a la inversa. El único dato seguro es el hecho de que en latín es una palabra tardía que no aparece sino hasta el siglo I d. C.; al principio en autores hispánicos (Séneca) o muy vulgares: es probable que la primera datación latina corresponda a la vulgarísima *Cena Trimalchionis*, escrita por Petronio (COROMINES, 1981, II:67).

Naturalmente, San Agustín escribía para el pueblo en la lengua del pueblo, no en un latín culto incomprensible para la mayoría. Nos encontramos, por tanto, ante una situación cuya solución exponemos a manera de hipótesis: el término *boletus* era usado vulgarmente en el Bajo Imperio para referirse a la familia de los hongos agáricos, entre los cuales está la *Amanita muscaria*, espécimen de donde evolucionó el nombre genérico. La palabra originaria no proviene ni del griego ni del latín y es admisible pensar que tiene la etimología en algún término prelatino, tal vez hispánico, usado por el pueblo durante los siglos anteriores a la romanización.

Durante los obscuros siglos XIV y XV aparece *agárich* escrito en recetas de drogas y ungüentos en Valencia y Cataluña/Aragón, por lo cual creemos que estos términos tan similares designaban al matamoscas y a su género y que fue posteriormente cuando el sentido del término *boletus* se generalizó a todo el género vegetal de las setas. El mismo fenómeno sucedió, por ejemplo, con la palabra francesa *champignon*, inicialmente usada para designar a un espécimen concreto (en castellano "champiñón", en catalán *xampinyó* [*Agaricus bisporus*]) y que con el uso y el tiempo se ha convertido en el término genérico para referirse a estos extraños vegetales en Francia. ¿Se trata del mismo fenómeno de proceso etimológico-semántico? Esta es nuestra convicción y estudiaremos el tema con una metodología espiral, en lugar de lineal, más adelante.

País Vasco

El País Vasco es el otro pueblo micófilo, además de Cataluña, que encontramos en la Península Ibérica. Curiosamente, es casi la única zona micófila de toda la vertiente atlántica, y R. Gordon Wasson, en su obra *Mushrooms, Russia and History*, apunta la posibilidad de que la micofília vasca no sea realmente genuina sino adquirida. A pesar de que el idioma vasco posee una nomenclatura popular bastante amplia referida a los hongos, G. Wasson afirma que se trata de términos tomados en préstamo, como si los vascos, en otros tiempos, hubieran sido micófobos. Denominaciones vascas como *txitxoris* (*Cantharellus cibarius*), en catalán *rossinyol*, sin nombre popular en castellano; *untua* ("hongo" en general); *ibel* seguido del nombre del color de cada hongo (*ibel* es el nombre genérico de un tipo de hongos -las *Russula*- que aparece con distintos colores, el nombre del cual se añade detrás del genérico: en catalán *llores vermelles*, "rúsulas rojas", *llores verdes*, "rúsulas verdes", etc., en castellano hemos hallado un nombre popular muy poco usado sobre el cual tenemos serias dudas: ciambres verde, ciambres roja, etc.); *atzaparrac* ("pies de rata"[*Ramaria*]), etc. todos estos nombres populares vascos de hongos tienen las peculiaridades necesarias para poderlos considerar plenamente como nombres populares. G. Wasson supone que, por diversas razones, fueron los gitanos, en colaboración con los antiguos pueblos pirenaicos micófilos, los que enseñaron a los vascos a distinguir los hongos y a consumirlos. Esta suposición de Gordon Wasson coincide con el hecho de que la cultura gitana tiene su origen histórico en Hungría, una zona de tradición micófila muy antigua en el Viejo Mundo. El viajero y exiliado Charles de l'Écluse (botánico del siglo XVI) convivió largas temporadas con los húngaros de su época, de los cuales obtuvo una buena parte del material que utilizó para escribir el primer tratado renacentista de micología: *Fungorum in Pannoniis observatorum brevis historia*. Al final de su dilatada obra, súbitamente, pide al lector que no se extrañe si no manifiesta su opinión sobre el gusto de las especies que acaba de describir porque, dice, nunca come hongos y les tiene verdadero terror. El botánico era atlántico, de Arrás, donde la gente es declaradamente micófoba, por ello es muy probable que la hipótesis sobre la micofobia original vasca sea cierta.

Siberia y Rusia

A pesar de ser dos entidades que geográfica y etnográficamente pueden ser tratadas por separado, las expondremos de forma unitaria para no hacer excesivamente extenso el presente apartado.

Los rusos son el pueblo del Viejo Mundo, y tal vez de todo el mundo, que más estima y aprecia los hongos. Son los únicos a los que se les despiertan pasiones más fuertes que a los catalanes hacia estos extraños seres de la naturaleza. Entre los rusos, los hongos actúan decididamente como catalizadores emocionales y los conocen, los recogen, los comen, les han encontrado diversas aplicaciones más y elaboran para sus casas centros de mesa decorados con hongos secos. En Rusia denominan *paganki* o *poganyi* a los hongos malos o venenosos, nombre y adjetivo que significa "malo, repugnante, pagano" pero que en un tono coloquial adquiere un sentido amable y familiar. La etimología de la palabra *paganki* nos conduce hasta el término latino *paganus*, que significa "campesino, labriego, no cristiano". Los otros hongos, los que tienen alguna finalidad en el campo cultural ruso, sobre todo en gastronomía, reciben el nombre de "pan de los pobres". Pese a esta denominación popular, son especialmente apreciados en todas las capas sociales. El Zar Alexis Mikjáilovich, por ejemplo, murió envenenado en el año 1676 por una intoxicación de hongos (GRIÑÓ, 1977:22), hecho que indica, naturalmente, que consumía.

En el inmenso territorio comprendido entre los valles de los ríos Yenisei y Obi, que tiene aproximadamente tres veces y media la extensión de la Península Ibérica, viven principalmente las tribus de los ostiaks, los samoyedos, que forman un gran grupo étnico, y los zirianos (en la lengua nativa se denominan *khanti*, *nenets* y *komi* respectivamente), grupos étnicos que son profundamente micófilos y que saben usar los hongos con finalidades gastronómicas, terapéuticas, para encender fuego, etc., además de consumir *Amanita muscaria* periódicamente en sus ritos y ceremonias, como elemento extático o enteógeno. En el inmenso territorio siberiano todas las creencias tradicionales están enzarzadas en la figura suprema del chamán, y este mantiene el consumo del hongo enteógeno en el centro mismo de sus prácticas mágicas y terapéuticas (no es preciso recordar que cualquier discusión sobre chamanismo clásico forzosamente ha de remitirse a la cuna del Este siberiano).

Puntualizando: entre los pueblos que ocupan la geografía de la inmensa Europa del Este, los eslavos y los lituanos son los que manifiestan una actitud más micófila.

Los estudios lingüísticos realizados por R. Gordon Wasson en la gran zona de habla urálica (Siberia) nos serán ahora de tanto interés como la etimología de la palabra *boletus*, referido a la tarea que nos ocupa de desenterrar y analizar las relaciones entre la actitud micófila de un pueblo, la ingestión consensuada del psicoactivo matamoscas, y los efectos de esta ingestión plasmados en diminutas antropomorfizaciones denominadas gnomos o enanitos.

Ya en el año 1922 el eminente antropólogo Franz Boas, padre de toda la antropología norteamericana actual, se percató de que en tres lenguas chukchis diferentes, al norte de Siberia, se usaba la misma raíz lingüística para designar a los hongos: *poŋ*, y en particular a un hongo rojo con volvas blancas sobre el sombrerete. Franz Boas, de origen germánico, era micófobo y probablemente no reconoció la figura de la oropéndola loca o matamoscas porque nunca había dibujado una en su infancia, como sí hacen la mayoría de niños que nacen en pueblos micófilos. Volvemos a encontrar aquí el mismo fenómeno de usar el nombre de un espécimen de hongo concreto como genérico, que, como ya hemos visto había pasado con el *boletus* y el *champignon*; y los nombres propios convertidos en generalicios provienen, en ambos casos, de especímenes enteógenos o alucinógenos. Treinta años más tarde, R.G. Wasson retomó la tarea y trazó un esquema etimológico donde quedaron reflejadas las relaciones semánticas, en lenguas de pueblos siberianos, entre palabras como hongo, *Amanita muscaria*, embriagante, modificación de la consciencia, y el nombre de algunos instrumentos musicales usados por los chamanes en sus rituales extáticos; palabras, todas ellas, surgidas de la misma raíz *poŋ*.

En lengua tungús localizamos el verbo *fanká?am*, que puede traducirse por "estar beodo". Entre los samoyedos meridionales se habla el silkup y tienen la palabra *pöŋer* para designar al instrumento de percusión que usa el chamán durante los ritos extáticos (los instrumentos de percusión tiene mucha importancia en todos los ritos iniciáticos en que se busca conseguir estados modificados de la consciencia: mantienen ritmos repetitivos y persistentes que llegan a facilitar estados hipnóticos). En la misma lengua silkup existe el término *peŋgar* para designar otro instrumento típico.

En lengua vogul encontramos dos palabras que pertenecen a la familia con la raíz *pon*. Son *paŋx* y *piŋka*, que se traducen respectivamente por *Amanita muscaria* y "embriagamiento", una relación extraordinariamente paralela a la que tienen los términos *boletus* y *agáric* (en relación, por ejemplo, al citado recetario valenciano de Misser de 1466, donde se usa el termino *agari* aludiendo a alguna droga o ungüento probablemente psicoactivo).

Entre el grupo étnico siberiano de los ostiaks localizamos tres términos emparentados entre ellos, cuya etimología conduce a la misma raíz *poŋ*: *paŋga*, *paŋx* y *poŋx*. Respectivamente se traducen por *Amanita muscaria*, "hongo" y "hongo loco". En castellano y especialmente en catalán también encontramos la alusión al calificativo loco referida al efecto enteógeno: "oropéndola loca" o *oriol foll* son dos de los nombres populares que tiene el matamoscas.

Siguiendo la geografía siberiana en dirección al sur descubrimos, entre los grupos que se expresan en lenguas finesas, el finés del Volga. En primer lugar, localizamos a los mordvanos, que disponen de dos términos para denominar genéricamente a los hongos: *paŋga* y *paŋgo*. Entre el grupo de los cheremíes, también habitantes de los márgenes del Río Volga, encontramos las dos palabras mencionadas con ligeras deformaciones locales para designar a los hongos en general.

Entre los finlandeses zirianos se usa una palabra muy interesante, *pagalny*, para designar el hecho de perder la consciencia; pero no en un sentido de muerte o de enfermedad mental, sino de modificación literal aunque pasajera de la consciencia. Esta palabra está relacionada con el término ruso *poganyi*, que se utiliza también para designar a los hongos.

La lista de correlaciones entre conceptos urálicos y los diferentes términos que estamos observando (matamoscas, modificación de la consciencia, hongo, éxtasis, etc.) existen también entre los grupos koriak, kamchadal, lapón y ket (véase el esquema etimológico de las páginas siguientes).

Los trabajos de R. Gordon Wasson y de otros autores, nos hablan de una gran difusión del uso del hongo enteógeno en todo el inmenso territorio siberiano, casi hasta la actualidad. En dirección más hacia Occidente es muy probable que el consumo de matamoscas fuese objeto, en la protohistoria, de una propagación llevada a cabo por el movimiento migratorio de los grupúsculos indoeuropeos, surgidos del Kazakhstan actual y de las estepas asiáticas. Estos grupúsculos se fueron desplazando hacia el Danubio, los Balcanes, el valle del Rin, el altiplano de Irán y el norte de la Península Indostánica, a lo largo del siglo XII a.C. (?). Continuaron la emigración hasta el norte de Alemania y las Islas Británicas, donde los grupos pre-celtas que ya estaban establecidos los frenaron. Por el sur, los indoeuropeos llegaron hasta el territorio francés actual y el norte de la Penínsulas Ibérica e Itálica. Llevaban el conocimiento de la metalurgia del bronce y el hierro, que era precisamente lo que les permitía imponerse a los grupos nativos técnicamente más primitivos, y la práctica de modificar ritualmente la consciencia por acción la *Amanita muscaria*, práctica que fue adoptada por los pueblos habitantes de los territorios donde crecía, práctica similar a lo que sucede hoy con las bebidas alcohólicas.

El antropólogo Weston La Barre hace una propuesta interesante y coincidente sobre la propagación de los enteógenos en el Nuevo Mundo (LA BARRE, 1970, XXIV: 368 - 373): en un principio todo el territorio de Eurasia compartía la misma concepción chamánica. La revolución del neolítico y los subsiguientes desarrollos sociales, culturales y económicos, pese a no producirse sincrónicamente en todo el inmenso territorio, provocaron cambios muy profundos en las antiguas concepciones religiosas y en los antiguos cultos; probablemente fue entonces cuando ocurrió su supresión total, sobreviviendo tales prácticas extáticas y mágico-religiosas en el Nuevo Mundo y en los lugares más remotos de Siberia.

Así pues, estos mismos cultos pasaron al Nuevo Mundo donde las creencias, las prácticas y la forma ancestral de vida persistieron en el tiempo y el espacio. El chamanismo del noreste de Europa se adaptó suavemente a las religiones agrícolas de las grandes civilizaciones mesoamericanas y andinas. Según La Barre, eso fue posible, en parte, porque las grandes culturas americanas dejaron en libertad la relación entre el ser humano y la divinidad. Justamente al contrario de lo que ocurrió en el Viejo Mundo, donde la relación hombre-divinidad se fue organizando entorno a unas jerarquías dogmáticas que cerraban los caminos a los individuos, como tales, en su contacto con la divinidad, y fue entonces precisamente cuando los enteógenos adquirieron el carácter tabú que mantienen actualmente. Con excepción, añadimos nosotros, de las bebidas alcohólicas -la sangre de Cristo- que gracias a la difusión en siglos posteriores de una nueva religión dominante y aliada con el poder político extendió el uso de una también nueva substancia embriagante: el vino de los coptos.

Acabamos el presente apartado sobre la micofília rusa y siberiana con dos preciosas informaciones aportadas por unos audaces viajeros de los siglos XVII y XVIII: A. Kanieuski transitó, en el año 1658, por territorio siberiano. ¡Qué tiempos tan terribles para viajar por aquellas tierras no siendo autóctono! A. Kanieuski era militar y durante sus reconocimientos hizo una descripción ciertamente meticulosa de los pueblos que iba localizando. Tan sólo retendremos las reseñas en que nombra a los pueblos que vio consumir *Amanita muscaria* de una manera habitual: los lapones, los chukchis, los koriak, los cheremíes, los vogules *iukaguir*, los kamchadales y los zirianos *iukaguir*.

Por su parte, Oliver Goldsmith, en el año 1762, indica que los pastores de renos siberianos comían a menudo trozos de matamoscas hervido. La cantidad apuntada por O. Goldsmith es de un hongo de gran tamaño, o de dos o tres si son pequeños. La manera descrita por este viajero de preparar los hongos, tal como él lo observó entre los pastores siberianos, es hirviéndolos juntamente con otra planta, que podría ser -según el mismo Goldsmith- *Vaccinum uliginosum* (su nombre popular castellano es "mirtilo negro") o *Epilobium angostifolium* (popularmente, "hierba de San Antonio"), dos plantas extensamente usadas por las brujas europeas y de las cuales ya hemos comentado en páginas anteriores la estrecha relación que encontramos con la oropéndola loca o falsa oronja. También según Goldsmith, era cosa sabida en Siberia que cuando un reno come el matamoscas, es extremadamente difícil de hacerlo obedecer y los demás renos del rebaño beben su orina con delectación. Entre los pastores siberianos era una costumbre, no muy habitual pero tampoco extraña, cambiar animales de su rebaño por hongos enteógenos secos cuando estaban fuera de la época de recogerlos y no tenían en su alacena. (WASSON, 1968: 151).

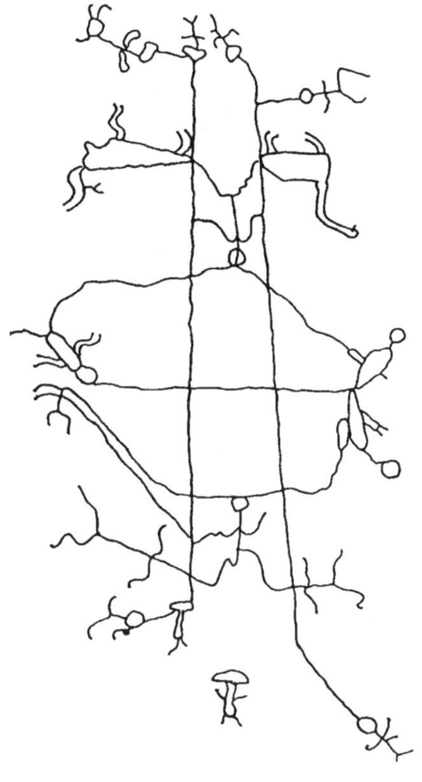

Fig. 6 *Para los chukchis (grupo étnico siberiano) las visiones antropomórficas que tienen bajo el efecto del matamoscas son interpretadas como el espíritu mismo del hongo. El número e intensidad de las visiones depende de la cantidad de hongos ingeridos. Cada hombrecillo es un hongo que lleva al sujeto intoxicado a ver su mundo por caminos muy intrincados. Esta es la idea representada en el dibujo, realizado por un chukchi bajo los efectos del hongo enteógeno: que decía reproducir los* fly-agaric men ("los hombres del hongo matamoscas"). *El dibujo del nativo siberiano bajo los efectos de la* Amanita muscaria *es totalmente similar y paralelo a las antropomorfizaciones hechas por los catalantes, los occitanos, los escandinavos y los flamencos de los Países Bajos en forma de fuegos fátuos, gnomos, duendes, enanitos, etc. (Tomado de Waldemar* BOROGAZ, The Chukchee, *Mem., Museum of Natural History, Estados Unidos, vol. VII, 2a parte, pág 282.)*

Esquema Etimológico de lenguas urálicas y otras (WASSON, 1968 : 166-167)

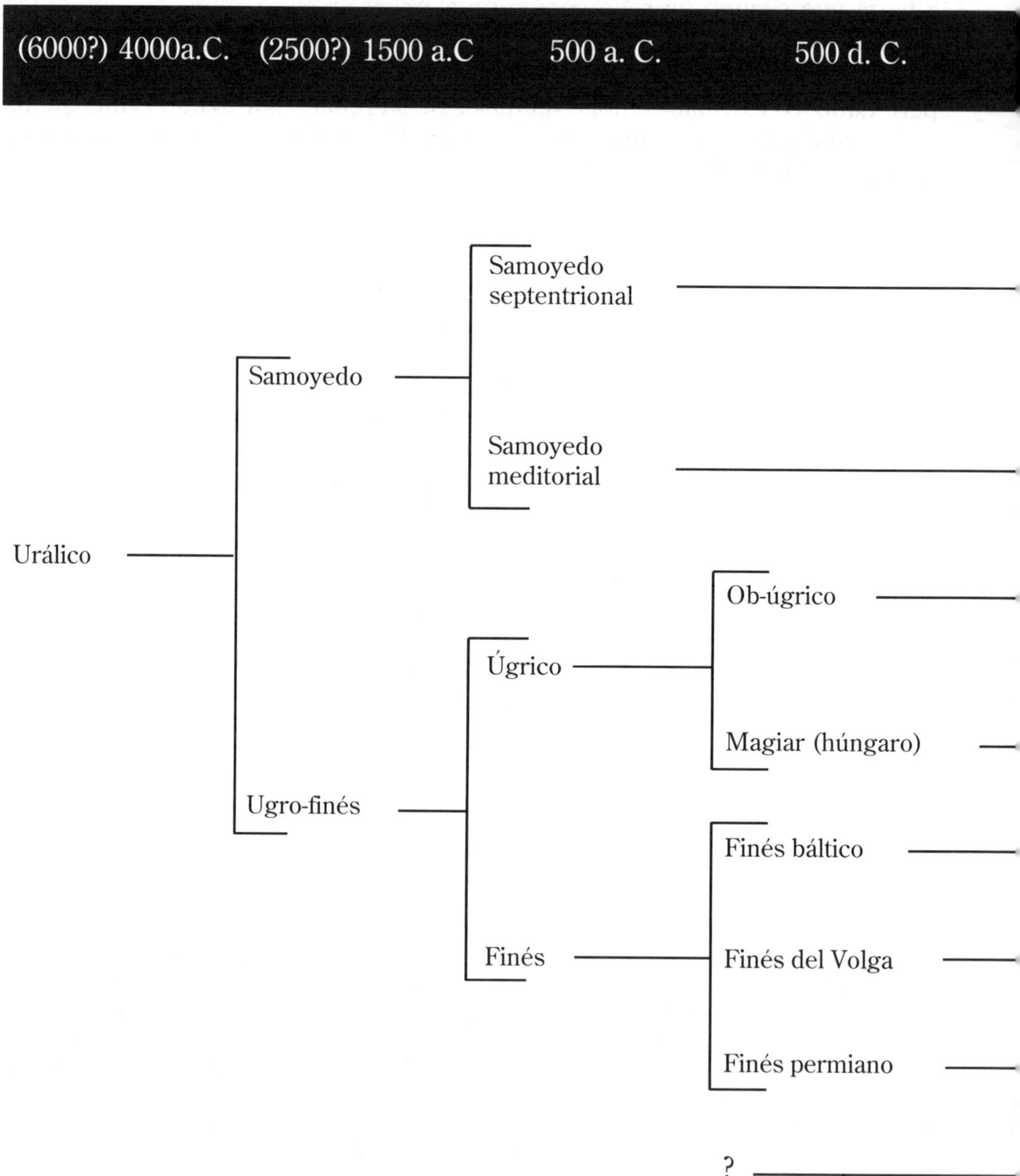

Actualmente	Con raíz *ρoη*
Yurak Samoyedo del Yénisei Tungús	*faηkáˀam*: “estar embriagado”
Silkup y otros extinguidos	*ρöηer*: “tambor” *ρεηgar*: instrumento especial silkup
Vogul	*ρaηχ, ρiηka*: “matamoscas” y “embriagamiento”
Ostiak	*ρoηχ, ρaηχ, ρaηga*: “*Amanita muscaria*” y “Hongo”
Magiar (húngaro)	
Finés Estoniano y otros	
Morduano	*ρaηga, ρaηgo*: “hongo”
Cheremí	*ρoηgo, ρaηgε*: “hongo”
Ziriano Votiaco	*ρagalny*: “perder la conciencia”
Lapón	
Ket y otros extinguidos	*haηgo*: “*Amanita muscaria*”
Txuktxi, Koriak, Kamchadal	*ρoη*: raíz del término “hongo”

Europa septentrional

Los paises nórdicos (Suecia, Noruega, Escandinavia y bajando hasta Dinamarca y la zona de Frísia) albergan pueblos de carácter micófilo, especialmente la población campesina, pero tal característica se reduce en términos generales a la pura micofágia (comer hongos) y no a una actitud afectuosa global hacia estos extraños vegetales. No obstante, hay una arraigada y muy extensa tradición de duendes que acompaña esta micofília: cada pueblo cuenta sus historias sobre los gnomos locales y en muchísimos jardines que hay a la entrada de las casa se pone una o más esculturas de pequeños gnomos que vigilan la puerta, sostienen el farol que ilumina la entrada, etc. Algunos de estos duendes decorativos tallados en piedra están bajo una sombrilla que representa un hongo más grande que ellos, y que siempre se trata de la *Amanita muscaria*, espécimen que crece en grandes cantidades en los bosques de abedules nórdicos de estas tierras septentrionales.

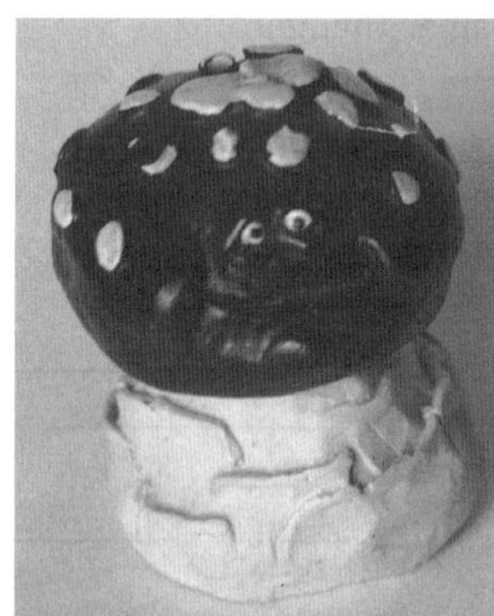

Figs. 7 y 8 En la primera ilustración puede verse el departamento de juguetes de un gran almacén. En la segunda, la representación antropomorfizada de una *A. muscaria*, al natural de 6 cm. de altura.

PUEBLOS MICÓFOBOS

Al margen de lo descrito más arriba, en Europa, mayoritariamente, se observa una actitud micófoba, de menosprecio y temor hacia los hongos. Si entre los pueblos micófilos los hongos y su imagen actúan como catalizadores de emociones positivas, fantásticas, que transportan a un estado de beatitud casi infantil; entre los pueblos micófobos los hongos también actúan de catalizador emocional, pero opuesto: provocan asco, angustias y terrores irracionales. Ni se tocan, y si por casualidad uno se ensucia con las mucosidades de un hongo campestre, habitualmente siente gran urgencia por limpiarse. Entre estos pueblos micófobos, las setas se hallan cultural y extensamente relacionadas con los sapos y son la viva imagen del asco y la podredumbre.

Es importante darse cuenta de este hecho: pese a la oposición de comportamientos, los hongos siempre actúan como símbolos de condensación y engloban un conjunto de sentidos y contenidos fuertemente irracionales y pasionales desde cualquier dirección en que se observen. Actúan de catalizadores emocionales y esto es ahora lo más importante, sea cual sea el color de la vivencia.

Castilla

Los castellanos son un pueblo tradicional y profundamente micófobo. A lo largo de su historia cultural han menospreciado a los hongos, los han ignorado y esta fuera la última cosa que hubieran comido. En la actualidad, y desde hace algunos años, comienzan a incorporarlos entre los elementos considerados comestibles a raíz de la difusión gastronómica que hay por doquier, no obstante casi siempre son comprados en los mercados, y muy en especial por parte de los habitantes de las ciudades.

Así mismo, los traductores castellanos de textos donde aparecen nombres vernáculos o populares de hongos en otros idiomas tienen graves problemas porque les faltan los términos adecuados en castellano.

En la Península Ibérica se da el caso extraordinario de encontrar dos actitudes diametralmente opuestas a pocos kilómetros de distancia, después de siglos de forzada homogeneización cultural: Castilla micófoba / Cataluña micófila, Galicia micófoba / País Vasco micófilo. La España micófoba abarca aproximadamente todas las provincias de habla castellana y gallega. Muy a menudo se ha argumentado que el motivo de la cuestión estaba sencillamente en el hecho de que Castilla y los lugares micófobos lo son porque ahí no crecen hongos. Esta creencia está absolutamente fuera de lugar: hongos, en más o menos cantidad y de unos u otros especímenes, se encuentran por todas partes. Incluso tenemos el ejemplo de las tierras leridanas meridionales -donde no crecen demasiadas variedades pero donde son apasionadamente micófilos- frente a Soria -donde cada otoño, las montañas de pinos albergan hongos en abundancia- cuyos habitantes eran tradicionalmente micófobos.

Una muestra ilustrativa: el artículo de Jorge Recarte titulado *Crónica de Navarra. Rovellones para Barcelona*, que apareció el 27 de octubre de 1958 en el "Diario de Barcelona":

> Pamplona 26. (De nuestro corresponsal.) Las primeras lluvias de otoño en el Pirineo han hecho que las zonas de los pinares de los valles del Roncal y Salazar se hayan cubierto de setas.
>
> Hasta hace muy poco -unos cinco años- estos hongos crecían por millares en el monte después de llover y se marchitaban sin que nadie les hiciera caso. (...)
>
> Allá en los montes de los Pirineos moría una riqueza de millones de setas, a la vista de todos y sin que nadie hubiera descubierto su valor, hasta que llegaron unos industriales catalanes. El primer anuncio de que las setas valían se dio en un café de Isaba con este aviso: "Por cada quilo que se entregue aquí de setas royas, se pagarán 2'50 pesetas." El anuncio organizó entonces una auténtica revolución, sobre todo en los niños. En seguida se dieron cuenta los pastores de la "mina" que se había descubierto, y las mujeres, y muchos hombres. (...)
>
> No se han hecho aún cálculos de cuánto rendirá el total de esta cosecha que no hay que sembrar, ni cuidar, pero la riqueza que produce debe ser muy grande ya que una sola localidad, Isaba (Valle del Roncal), recoge 10.000 kg diarios. (...) En cuanto comienza la temporada, el desfile de los camiones que recogen las setas de los pueblos roncaleses y las llevan a Barcelona, recién traídas del monte, para llegar a la apertura de los mercados, es diaria y constante. (...)
>
> Los roncaleses, contentos por haber descubierto este chorro de oro, se lamentan, sin embargo, de que durante siglos no hayan sido valorados y, por el contrario, los hayan desperdiciado.

Incluyamos otras muestras de la manifestación de la micofobia castellana: "Las setas sólo las comen los catalanes y las cabras" es un dicho popular corriente entre los pastores y los campesinos de Castilla. En castellano, repito, no existen nombres populares para designar a los hongos y el único nombre vernáculo realmente conocido, el "mízcalo" (en catalán *rovelló* [*Lactarius deliciosus*]), fue, ya en los años sesenta, arrinconado en favor del barbarismo "rovellón", tomado prestado del catalán. Los otros nombres castellanos de hongos, pretendidamente populares, han sido, en realidad, adoptados del mismo origen por parte de castellanos que han emigrado y residido durante años en tierra catalana micófila y que, al regresar a sus lugares nativos, explican que los catalanes y los vascos comen hongos llamándolos por el nombre popular catalán barbarizado: "rosiñol" (por *rossinyol*), "pollancrones" (por *pollancrons*), "lenguas de gato" (por *llengua de gat*), etc.

Pese a todo, la calidad gastronómica de los hongos no era absolutamente desconocida entre los castellanos. Hemos consultado diversas personas castellanas de más de cincuenta años y podemos afirmar, en términos generales, que coinciden en llamar hongos a los especímenes buenos y setas a los especímenes no comestibles. Después les hemos preguntado si conocen o distinguen a los tipos que son hongos de los que son setas (los buenos de los malos), pero ninguno de los interrogados consumía ni de los unos ni de los otros. Pese a la similitud de *significata* que los diccionarios otorgan a cada uno de estos dos términos, el pueblo establece una ligera diferencia, como si los castellanos no hubiesen comido hongos nunca pero conociesen el hecho o la posibilidad. En Cataluña, en cambio, son muchas las personas que desconocen la existencia de pueblos micófobos; para algunos campesinos consultados incluso es difícil de creer (cf. el capítulo "Muestra estadística").

Desde el año 1931, la Junta de Ciencias Naturales de Barcelona organizó anualmente grandes exposiciones de estos extraños vegetales, coincidentes con el plan quinquenal de investigaciones micológicas. Un extracto del artículo aparecido el 3 de noviembre de 1932 en el diario "El Debate" de Madrid, ilustra nuevamente la actitud de sorpresa de un individuo micófobo (el periodista) ante el comportamiento contrario:

> Esta es la sexta exposición de hongos que se celebra en Cataluña con un éxito de público que el domingo culminó a 4.000 visitantes. Ello no es de extrañar si se tiene en cuenta que Barcelona es la población de España y casi de toda Europa que consume más cantidad de hongos. Tantas setas se comen en Barcelona, que para abastecer un stand de venta de la exposición ha sido preciso traerlas de Soria y de Valladolid, por estar agotadas las de Cataluña. Sólo una fábrica catalana dedicada a la conserva de setas prepara anualmente 40.000 kg procedentes de Castilla. Hay pueblos y villas catalanas para los cuales la cosecha de hongos es la más importante; las montañas de Berga y Ripoll producen tal cantidad de rovellons tempranos -la seta más apreciada por su excelente calidad- que en un sólo día, entre ambas comarcas, se han podido enviar a Barcelona 30.000 Kg. Todo lo consume Barcelona con una velocidad tal, que es preciso proceder a la búsqueda de hongos en las montañas de Soria y Teruel.
>
> La nomenclatura catalana de hongos es realmente rica.(...) Y lo curioso es que existe una gran cantidad de excursionistas que llevan su afición hasta el punto de ¡recoger

personalmente las setas!. (...) Alguien ha emprendido el cultivo más o menos intenso del champiñón francés, pero lo cierto es que tal especie no tiene gran aprecio en el mercado barcelonés (...). La exposición presenta además como complemento curioso un restaurante en el que sólo se sirven comidas elaboradas con setas.

País Valenciano

Pese a estar en el litoral mediterráneo, es un pueblo micófobo en esencia: tan sólo se consume el *esclata-sangs* (mízcalo o rovellón). Incluso el nombre genérico dado a la especie depende del lugar concreto del País Valenciano en que se pregunta. En la mayor parte del territorio lo denominan *lo bolet* y, según la revista "Las Provincias" del 22 de abril de 1975, en la zona meridional valenciana designan a los hongos con una forma mozárabe: el derivado retrógrado *bólos*, como generalicio (COROMINES, 1981, II: 68), en especial en la zona de Beniarrés y Alcalá de la Jovada (información del año 1962).

Una anécdota sucedida a un amigo nuestro catalán, J. Bernades, es claramente ilustrativa de la actitud micófoba valenciana. Viajando por el litoral valenciano durante el otoño, se detuvieron él y las personas con las que iba, en un bosque donde crecen *llenegues* en abundancia (*Hygrophorus limacinus*, sin nombre popular castellano), hongos comestibles y muy apreciados en Cataluña. Llenaron dos canastos y regresaron a Carlet, pueblo del sur de Valencia situado en el interior, entre la Albufera y la sierra de Martés. Al llegar al pueblecito descargaron los cestos con la complacencia, normal en ellos, de la generosa cosecha. La reacción de la gente congregada delante del hostal fue, en cambio, unánime... pero opuesta: exclamaciones de asco, exhortaciones para que se deshicieran de aquellas porquerías, etc. Nuestros amigos explicaron a la concurrencia las posibilidades gastronómicas de aquellos hongos, las *llenegues*, disfrutadas en la Cataluña Norte. Los habitantes de Carlet, sin dar crédito a nuestros amigos y aduciendo que tan sólo los rovellones o mízcalos son comestibles, y además adquiridos en el mercado para estar bien seguros de la identificación, rechazaron cualquier otra posibilidad. La lucha posterior fue entonces con el hotelero para que se los cocinase, y únicamente un hombre anciano del pueblo accedió a probar un trozo de *llenega*. Cuando, a la mañana siguiente J. Bernades y compañía se levantaron sanos y salvos, el razonamiento general fue que no habían consumido suficientes ejemplares para envenenarse, que sólo habían hecho creer que los comían para escandalizar, que quizá aquellos hongos fuesen poco venenosos, etc.

Este acontecimiento, que dio pie a numerosas especulaciones, muestra dos realidades: que a pocos kilómetros de distancia, encontramos unas actitudes radicalmente opuestas en lo referente a la relación ser humano/hongo, y que el tabú que afecta a los hongos es suficientemente profundo en las zonas micófobas para dominar cualquier comportamiento basado en la lógica especulativa: promueve profundas pasiones dominantes.

Alemania

Territorio habitado por un pueblo visceralmente micófobo, el más caracterizado por esta actitud después de los anglosajones. La única zona donde se observa cierta estima hacia los hongos es la parte meridional, Baviera y alrededores. La diferencia de comportamiento se explica porque este territorio estuvo durante siglos bajo la dominación de los eslavos, que son uno de los pueblos que más aprecian los hongos en la Europa del Este.

En toda Alemania no encontramos nombres populares de hongos ni tradiciones que hablen de ellos si no es para menospreciarlos. Dada esta realidad cultural, nos dejó perplejos el hecho de que en uno de los manuales de micología más completos de la actualidad, el del italiano Bruno Cetto (CETTO, 1979), en el cual se incluyen los nombres vulgares de los hongos en las diferentes lenguas de Europa, aparezcan nombres populares alemanes de absolutamente todos los hongos. La sorpresa fue, de entrada, grande: un pueblo micófobo que tienen nombres populares para designar a los hongos, y no tan sólo de algunos especímenes, como en los territorios más micófilos, sino de todos ¡absolutamente todos! Los conocimientos transmitidos vía tradición oral de cualquier pueblo del mundo tiene unas singularidades inequívocas que los permiten distinguir de los conocimientos científicos y/o cultos (FERICGLA, 1982: 35-43), y fue eso lo que nos permitió deshacer el equívoco de los nombres vulgares alemanes de los hongos.

Los nombres en verdad populares de los hongos son prácticamente siempre descriptivos, de una sencillez semántica encantadora, compuestos de una palabra, o como máximo dos; varían localmente y casi nunca se asemejan al nombre científico. Analizando los términos populares alemanes que menciona B. Cetto, nos dimos cuenta que no reúnen, como aquel quien dice, ninguna de estas condiciones, y, por supuesto, no tiene ningún sentido pensar que este eminente micólogo los haya inventado *motu proprio*. Además, los nombres populares alemanes aportados por B. Cetto no aparecen nunca en ningún cuento alemán ni en ninguna historia tradicional ni infantil y tampoco se ha escrito nunca detalladamente sobre estos extraños vegetales en la literatura clásica germánica.

El único espécimen del cual se ha hablado y escrito entre los alemanes es la *Amanita muscaria*, *Fliegenpilz*, que es usado como una imagen catártica que transporta a existencias fantásticas y que, en realidad, también es objeto de un tabú radical. Es evidente que el arraigamiento de esta profunda vivencia emotiva inducida por la imagen de la falsa oronja debe hundir su génesis en un hecho cultural históricamente lejano.

Fig. 9 *La fábrica alemana de máquinas de coser Wertheim usa la figura del duende como símbolo de sus productos industriales, indicador del gran arraigo que tienen los gnomos en el mundo familiar.*

Según parece, los prehistoriadores están de acuerdo en que los germánicos provienen de un núcleo de la civilización del bronce surgida del sur de Escandinavia. En toda la Europa septentrional, como hemos señalado, hay un tabú muy extendido entorno a la *Amanita muscaria*; tabú ancestral del cual no se habla si no es en términos de rechazo visceral pero que al mismo tiempo forma parte integrante -y no precisamente la menos importante- de los elementos iconográficos fantásticos y emotivos que más apasionan a los finlandeses; los alemanes mantienen viva la prohibición que pesa sobre el hongo rojo con manchas blancas -y en su caso sobre todos los demás- pero al mismo tiempo también participan de los sentimientos inspirados por los gnomos, producto visionario y activo del efecto enteógeno del matamoscas.

El desenlace del problema planteado por la existencia de los nombres de hongos pretendidamente populares en un territorio micófobo resulta sorprendente: durante los años 1933-1945, con el *Nationalsozialistische Deutsche Arbeiterpartei* (Partido Obrero Nacionalsocialista Alemán) dominando la nación, se propugnó el retorno a la pureza racial germánica o aria y a recobrar las tradiciones peculiares del pueblo alemán. Era preciso un Estado fuerte y totalitario cuyo poder no recayese en una mayoría parlamentaria, sino en la totalidad del pueblo. La voluntad de toda la nación era interpretada por un elemento carismático, el Führer, encarnado por Adolf Hitler. Durante estos años, la clase científica alemana trabajó con un objetivo único: el pueblo ario. Todo era traducido y adaptado a las necesidades de los arios, y ¡también se inventaron "nombres populares" para los hongos! La manera de poner nombres de hongos al alcance del pueblo germánico fue traduciendo literalmente los nombres científicos del latín al alemán, e incluyéndolos en los diccionarios y tratados de la época, donde, probablemente, los localizó B. Cetto, el cual posteriormente los incluyó en su nomenclatura vulgar europea de hongos: en consecuencia, todos los hongos tienen un "nombre popular" alemán.

Esta nomenclatura por tanto, y pese a estar en alemán, no es popular ni tradicional y hoy día la mayoría de alemanes continúan deconociéndolos e ignorando los nombres que tienen los hongos.

Una lista de diez ejemplos escogidos al azar será suficientemente ilustrativa.

Latín (nombre científico) traducción literal	Alemán popular	Catalán popular	Castellano popular
AMANITA MUSCARIA	FLIEGENPILTZ	ORIOL FOLL	OROPÉNDOLA LOCA U ORONJA FALSA
hongo de las moscas	hongo de las moscas	oropéndola loca	
AMANITA CAESAREA	KAISERLING	OU DE REIG	ORONJA REAL
hongo de los césares	hongo del káiser	huevo de acequia	
AMANITA PANTHERINA	PANTHERPILZ	PIXACÁ	
hongo pantera	hongo pantera	meaperros	
HYPOLOMA FASCICULARE	GRUNBLÄTTRIGER SCHWEFELKOPL	BOLET DE PI	
hypoloma con mango	mango de azufre de hojas verdes	hongo de pino	
STROPHARIA SEMIGLOBATA	HLBRUGALIGER TRÄUSCHLING	BOLET DE FEMS ANELLAT	
estrofa de medio globo	träuschling(ling= hongo)de medio globo	hongo del estiércol anillado	
TRICHOLOMA GEORGII	MAIPILZ	MOIXERNÓ DE PRIMAVERA	MOJARDÓN O MOJERDÓN
tricoloma de S.Jorge	hongo de mayo	mojardón de primavera	
TRICHOLOMA RUTILANS	ROTLICHER HOLZRITTERLING	GÍRGOLA VERMELLA	GÍRGOLA ROJA
tricoloma roja	hongo-jinete de madera	gírgola roja	
TRICHOLOMA TERREUM	ERD-RITTERLING	FREDOLIC/ FREDELUC	
tricoloma de tierra	hongo-jinete de tierra	friolero	
CLITOCYBE GEOTROPA	MONCHSKOPF	CANDELA DE BRUC	
clitocibe geotropa	cabeza de monje	cirio de brezo	
FOMES FOMENTARIUS	ZUNDER-SCHWAMM	BOLET D'ESCA	
esponja que quema	esponja inflamable	hongo de yesca	

(Traducción del alemán al castellano realizada por Esther Martí Faber)

Grecia

Es el caso contrario del País Vasco: un pueblo mediterráneo de actitud micófoba, cuando la mayoría de los grupos culturales de la cuenca mediterránea son micófilos (el País Vasco es un pueblo micófilo en la cuenca atlántica).

Ya desde la época helénica, el pueblo griego muestra una fuerte aversión a los hongos. En la época clásica rezaba un dicho que resumía exactamente el estado de la situación: βρωμα δεων, "los hongos son manjar de los dioses" y de sus servidores, los hierofantes y sacerdotes del templo de Eleusis y Samotracia, los cuales mantenían el monopolio de las ceremonias oraculares, de la comunión sagrada y, por tanto, del lenguaje mitopoiético reconocido en la Grecia helénica.

Siempre he sostenido que los agentes enteógenos, una vez descubiertos, tratan de ser rápidamente monopolizados por la casta, clase o estamento social dominante, allí donde sea. El control de los enteógenos y de su manipulación otorga la capacidad de establecer relaciones directas con las deidades correspondientes y, en consecuencia, de dominar, crear y recrear los mundos mágicos, extáticos y míticos de una sociedad dada, mundos que se encuentran en la base, en el núcleo mismo de los valores de un pueblo. Es decir, monopolizar el uso de los agentes enteógenos permite codificar el conjunto de símbolos de condensación de origen irracional e inconsciente que mantienen unida a una comunidad y le dan un sentido trascendental formando una intersubjetividad colectiva. Habitualmente la lucha, en este sentido, se da para que las castas o segmentos sociales dominantes no consigan tal monopolio. Cuando el tabú o prohibición es mantenido muy rígido, el pueblo acaba siempre hallando nuevos medios para acceder a estos profundos estados de introspección divina, y el ciclo recomienza.

En la Grecia clásica el pueblo era, y es hoy, micófobo por decreto. Los sacerdotes mantenían el control de los agentes enteógenos, entre ellos los hongos, y solo abrían las puertas de los misterios eleusinos a aquellos individuos que habían pasado la preparación iniciática, constituida por los ritos previos al misterio de Eleusis, que duraban muchos meses, a veces hasta dos años. Estos arcanos, herméticos hasta la actualidad, estaban centrados en la ingestión, ritualizada y culturalmente consensuada, del enteógeno que proporciona el *Claviceps purpurea*, hongo parásito de la cebada, el centeno y la avena, llamado vulgarmente en castellano "carbón del trigo de moro" o "centeno cornudo".

El erudito en mitología clásica y gran escritor Robert Graves apuntaba lúcidamente el hecho hace ya algunos años (GRAVES, 1980:129) cuando decía que, según el mito griego, la diosa del trigo visitó Eleusis, la ciudad ática donde los misterios fueron celebradas durante dos mil años más, y ordenó a Triptolemo, hijo del rey local, que condujera un carruaje llevado por serpientes alrededor del mundo civilizado difundiendo, a su paso, las artes de la agricultura. Graves apunta que este mito es claramente engañoso porque el trigo ya había sido sembrado y recogido en Palestina desde hacía unos miles de años antes que la gente de Deméter hubiese llegado a Eleusis. Lo que probablemente aconteció, según el autor, fue que la sacerdotisa local envió un mensaje sobre el potencial psicoactivo del hongo parásito del centeno que acababa de descubrir a todos los sacerdotes y las sacerdotisas del mundo civilizado: de aquí las serpientes del carro de Triptolemo.

Después que R. Graves hubiera formulado esta hipótesis, aquí sólo esbozada, un equipo de diversos especialistas dirigido por R. G. Wasson realizó un análisis en el mismo sentido y llegó a determinar el uso de enteógenos fúngicos en los misterios religiosos y esotéricos helénicos de Eleusis (WASSON, 1980). Sin duda, beber algún tipo de preparado enteógeno específico formaba parte de la ceremonia secreta eleusina, que culminaba en una serie de visiones extáticas indescriptibles y magníficas que no se pueden explicar como simples trucos escenográficos. Además, la embriaguez y la bebida también eran elementos centrales de otros misterios menos conocidos como los de Kabeiroi, en Tebas, o los que se celebraban en Samotracia.

Por otro lado, el hecho de que la ceremonia eleusina se haya celebrado sacrílegamente a finales del siglo V a.C. fuera de los templos, para disfrute de los invitados a sesiones particulares, apunta directamente al uso profano de enteógenos -como en la actualidad. Precisamente era condición de la iniciación el mantener en absoluto secreto, bajo pena de muerte, aquello que los iniciados (que eran centenares anualmente) tomaban o bebían durante la celebración de los misterios eleusinos.

El mecanismo de creación y difusión del tabú entorno de los agentes psicoactivos, es tan claro en el caso de la cultura griega -donde, por extensión, la prohibición afectó a todos los hongos- como en la sociedad occidental de hoy. Nunca, en ninguna sociedad, los enteógenos han tenido una libre circulación y tan sólo les ha sido permitido ingerirlos a aquellos individuos probadamente íntegros, maduros y preparados. Actualmente los enteógenos, demasiado a menudo, se han convertido en objeto de diversión de individuos aburridos que desconocen, en la inmensa mayoría de casos, los límites de su actuación. Las substancias enteógenas no son ninguna diversión, sino la posibilidad de que mientras el cuerpo de uno está allá, reposando en el sillón o dentro del saco de dormir, el alma permanezca libre, perdida la medida cotidiana del tiempo, alerta como nunca antes, viviendo una eternidad en una noche y viendo la infinidad en un grano de arena: es fantástico y terrible. Todo lo que un ser humano ha visto y escuchado en este estado del alma, permanece grabado en la memoria como hecho con un punzón, de donde nunca más podrá ser borrado. A través de este camino finalmente se conoce lo inefable y lo que significa el éxtasis. ¡Éxtasis! El espíritu se remonta al origen de este término: para los griegos *ekstasis* significaba que el alma volaba fuera del cuerpo. En nuestra habla cotidiana, entre los numerosos individuos que nunca han experimentado el éxtasis, "éxtasis" significa sólo algo divertido (WASSON, 1980: 29-30): a menudo encontramos personas que nos preguntan por qué no tomamos matamoscas cada noche. Sin embargo, el éxtasis no es ninguna diversión. Es el alma de uno mismo que se sacude hasta la conmoción. Al fin y al cabo, como dicen diversos autores experimentados en el tema y también los mismos místicos ¿quién buscará sentir el temor terrible de una revelación absoluta, de traspasar esta puerta de maravillas que nos sitúa ante de la Presencia Divina, de una manera inconsciente o por una simple diversión? Nadie, excepto el ignorante.

En referencia a la micofobia helénica, comprobamos que en la lengua griega no existen nombres populares para designar a los diversos tipos de hongos, que los griegos actuales tampoco comen hongos si no son comprados en el mercado, y que no hay ninguna tradición popular que hable de estos extraños vegetales si no es para relacionarlos con las deidades o con el peligro. Nicandro de Colofón, que vivió en el siglo III a.C., escribió una conocida obra de farmacología dedicada a los venenos y los contravenenos, *Alexifarmaca*, donde describe estos vegetales como "pestilentes y empalagados del hálito nocivo de las serpientes". Discórides, que vivió en el siglo I d.C., recogió todo el saber botánico y médico de su época en la magna obra *De Materia Medica*, recopilación inmensa que sufrió diversas adaptaciones durante los siglos que han pasado pero que mantiene la misma estructura de hace mil ochocientos años (de aquí el título de la también ingente obra de P. Font Quer, *Dioscórides renovado*). En *De Materia Medica*, pese a la monumentalidad de la recopilación, encontramos algunas alusiones insignificantes a los hongos: todo lo que dijo Discórides sobre el tema se resume en el hecho que hay hongos venenosos y algunos buenos.

El mundo anglosajón

Inglaterra es el territorio más aceradamente micófobo del Viejo Mundo. Hasta hace muy poco tiempo, y también a raíz de la difusión gastronómica, el pueblo nunca ha comido hongos y no tan sólo los desconoce, sino que la sola visión de un espécimen repugna visceralmente. Algunos autores anglosajones de diferentes épocas se han inspirado en la imagen de los hongos para aludir a la cosa más nauseabunda y repulsiva que hay sobre la tierra, "producto de la putrefacción y la descomposición de la vida". Algunos de los autores más conocidos que se han pronunciado en este sentido son Conan Doyle, Shelley, W. Parkes y James Woordhouse. En la lengua inglesa no encontramos nombres populares para designar y distinguir a los hongos excepto dos: *mushroom*, nombre genérico de los hongos y, concretamente, del mojardón; y *fly-agaric*, que corresponde a la *Amanita muscaria*.

Hay un segundo espécimen conocido aunque desigualmente consumido, el champiñon de bosque (*Agaricus bisporus*), que nos permite una reflexión muy importante por el hecho de ser un hongo diferenciado: inicialmente había puesto en tela de juicio la explicación según la cual, la tradición oral, con tal de proteger a los seres humanos de los especímenes venenosos, entre los pueblos micófilos transmitió la identificación de un pequeño número de hongos (generalmente entre seis y quince) como variedades comestibles y ha considerado a todos los demás terriblemente peligrosos. Partiendo de este supuesto, tan sólo los ejemplares claramente distinguibles del resto se habrían transmitido de generación en generación durantes miles de años hasta llegar a nosotros. No obstante, el ejemplo de las Islas Británicas nos demuestra con claridad que no es exactamente así, que falta alguna otra causa más profunda que explique el tabú, la cual hemos descubierto en los hongos enteógenos: es precisamente para vedarlos a la plebe que por parte de las castas dominantes se inventa y extiende una prohibición tabú relativa a la totalidad de hongos, monopolizando así los lenguajes mitopoyéticos y con ello la creación y la codificación de los símbolos de condensación. En este sentido, los hongos considerados buenos entre los pueblos micófilos no son nada más que una comida substitutoria de los especímenes enteógenos prohibidos.

La reflexión que nos despierta el hecho de que los anglosajones conozcan a los champiñones de bosque es ésta: el champiñón de bosque, excelente al gusto, es un espécimen de aspecto similar a la *Amanita phalloides* (*farinera borda*, en catalán; sin nombre popular castellano), el hongo más tóxico que existe, mortal por necesidad y muy extendido por todo el territorio del Viejo

Mundo. Sus efectos aparecen cuando ya es imposible tratarlos -veinticuatro horas después de la ingestión- y únicamente un micólogo o un recogedor de hongos medianamente experto puede discernir claramente un champiñón de bosque de una *Amanita phalloides*. Los anglosajones no son aficionados a recoger ni a comer hongos; por tanto, si la dicha ley de transmisión oral fuese cierta, nunca habrían mantenido una tradición viva que les indicara únicamente la comestibilidad de los champiñones de bosque en las islas británicas, sino que justo por su similitud morfológica con la *Amanita phalloides*, el champiñón de bosque habría sido especialmente menospreciado y rehuido.

El conocimiento popular referido a las excelencias gastronómicas de los champiñones de bosque y del mojardón o mojerón, entre los anglosajones han de estar forzosamente relacionadas pese a no tener su origen en la misma época histórica. Hay pruebas aportadas por la lingüística que indican la mayor antigüedad del conocimiento específico del mojardón: el término *mushroom* es el nombre genérico inglés que se refiere a los hongos en general y al mojardón o mojerón en particular (*Tricholoma georgii* o *Clitopilus prunulus*)*. Hemos buscado la etimología de este término inglés, *mushroom*, (KLEIN, 1967,II:1.017) y hemos verificado que aparece aproximadamente durante el siglo XVI: es un término que proviene del francés *muscheron*, *meisseron* o *moisseron*. Estos nombres eran usados, según el lingüista E. Klein, en el norte de Francia y surgieron originalmente de algún otro término prelatino existente en la lengua vulgar.

La actual palabra francesa *mousseron* (mojardón) aparece en el año 1542 en letra de molde y referida a los hongos de prado en general (véase *Grand Larousse*, 1975). Retrocediendo en el tiempo, reencontramos el término latín *mussarionem* (acusativo de *mussario*) de donde deriva el *mousseron* francés, a su vez raíz del *mushroom* inglés, del *moixernó* catalán y también del casi desusado *mojardón* o *mojerón* castellano. Si buscamos las fuentes del término latín, los especialistas únicamente pueden indicar la palabra *mussirio*, de origen desconocido.

Significativamente, hemos encontrado que dos términos relacionados con nuestro estudio tienen su origen en un prelatín no-helénico y que probablemente han surgido de la zona catalano-occitana y contornos: *boletus* y *mussirio*. De ambos términos se han formado genéricos: *boletus/bolets* en catalán (hongos), y *mussirio/mushroom*, en inglés.

* Dada la falta de claridad en los nombres populares castellanos para referirnos a los hongos, no puedo afirmar en exactitud que el "mojerón" castellano se refiera a uno solo de estos especímenes, más cuando ambos són blancos, comestibles y crecen en las Islas Británicas.

Volviendo a la micofobia anglosajona y a los dos únicos especímenes que distingue la cultura y el pueblo, probablemente sucedió que durante los floridos reinados de los Luises XIII, XIV y XV, época en que la corte francesa era el centro y modelo de comportamiento, gastronomía y modas de Europa, la costumbre de comer hongos (mojardones) tan arraigada en el mundo francés se extendió entre la aristocracia anglosajona y más tarde pasó a la plebe. Esta moda gastronómica británica, aprendida de sus vecinos franceses, relaciona de alguna manera el champiñón y el mojardón, por ser ambos hongos de prado.

Pese a la historia, el pueblo inglés hoy sólo coge, y aún con unas reservas enormes, el champiñón de bosque, a pesar de ser uno de los especímenes que más se asemejan a la peligrosísima *Amanita phalloides* (*farinera borda*, en catalán).

En la literatura anglosajona localizamos sólo un par de citas relativas a la micofagia: en sir Thomas Ellyot, quien habla accidentalmente de la micología en *The Castel of Helt* (1541), y en sir Michael Scott, que en *The Philosophers Banquet* comenta que los únicos hongos comestibles son la trufa y la colmenilla, justamente dos especímenes que no tienen la forma tradicional de los hongos; de lo cual, en cambio, la oropéndola loca es un auténtico arquetipo: la trufa crece bajo tierra y tiene el aspecto de tubérculo, y las colmenillas son una pequeñas arborescencias esponjosas.

También tenemos noticia del uso, en las Islas Británicas, de otra especie de hongo que concierne directamente a nuestro interés: la *Amanita muscaria* consumida entre los pescadores clandestinos de salmón en Escocia. Estos hombres tomaban el hongo con finalidades claramente embriagantes mezclando el zumo de la seta enteógena con whisky. Entre ellos lo llamaban *cathy*, en honor de la zarina Catalina la Grande de Rusia, a quien parece que agradaba el combinado de matamoscas con alguna bebida alcohólica. Teniendo presente que el contenido activo de muscarina es soluble, la maceración del hongo en alguna bebida alcohólica y su posterior consumo es perfectamente viable.

La *Amanita muscaria* crece por millones en los extensísimos bosques de abedules que hay en las Islas Británicas y, es muy probable que, debido a la gran cantidad de hongos enteógenos que los anglosajones tienen al alcance de la mano, fue preciso imponer más energicamente la prohibición de consumir estos extraños vegetales, bajo cualquier variedad, tabú proveniente de la prehistoria y mantenido férreamente hasta la actualidad.

Pese a todo, creemos que esta prohibición tan acentuada ha estado siempre acompañada por una ingestión secreta de oropéndola loca, tanto por parte de los anglosajones como de los anteriores celtas. La manifestaciones no son claras nunca, como en todos los caminos esotéricos y religiosos secretos, y es necesario seguir meticulosamente los pequeños relieves que se marcan en la envoltura para descubrir el contenido. El uso de enteógenos nunca ha estado abierto a todos, como pretendidamente pasa en la actualidad, sino que siempre se ha mantenido recluido entre minorías cerradas que seleccionaban escrupulosamente a los recién llegados antes de admitirlos.

Fig. 10 *Esta imagen de la campiña británica aparece en una postal. Aunque aquí magnificada, es una poética representación.*

Los anglosajones son extremadamente micófobos por tradición, pero en *Alicia en el País de las Maravillas*, el popular libro de Lewis Carroll, seudónimo del escritor y matemático inglés Charles Lutwidge Dodgson, que vivió en el silo XIX, no escapa a ningún micófilo -ni creo que a nadie despierto- que aquello que la protagonista de la historia ingería para aumentar y disminuir de estatura, era un hongo:

> Al cabo de un minuto o dos, la Oruga se quitó la pipa turca de la boca, y entonces bostezó una vez o dos. Después descendió [16] del champiñón y se arrastró hierba adentro (...).
> - Uno de los costados os hará ser más grande y el otro costado os hará ser más pequeña.
> - ¿Uno de los costados de qué? ¿El otro costado de qué? - pensó Alicia para sí.
> - Del champiñón -dijo la Oruga, como si ella lo hubiese preguntado en voz alta.
> (CARROLL, 1927: 50-51)

En este corto párrafo encontramos dos observaciones directas referidas a los agentes modificadores de la consciencia: la Oruga sentada sobre un gran hongo y fumando una pipa de agua. Todo mundo sabe que las pipas de agua se usan en el mundo árabe para inhalar el humo de marihuana, conocida y difundida substancia embriagadora que fuman aproximadamente diez millones de personas en la Euopa (ESCOHOTADO, 1992) de hoy; por otro lado, existe realmente un hongo que provoca alteraciones sensorio-espaciales y hace "crecer la realidad" o hace que uno se sienta minúsculo, que es lo mismo: la *Amanita muscaria*, abundantísima en las Islas Británicas, patria de Lewis Carroll, y de la cual, aun sin nombrarla explícitamente, la Oruga recomienda a Alicia comer. Las visiones que el autor hace tener a Alicia pertenecen al tipo de experiencias que no pueden ser provocadas por otra cosa que por el hongo enteógeno: alteraciones del espacio que desaparecen al acabarse el efecto de los alcaloides activos del hongo (Alicia comienza a recuperar el tamaño humano cuando está a medio juicio porque se le acaban los trozos de hongo que llevaba en el bolsillo y que va ingiriendo para mantener la talla diminuta, igual que hacen los nativos siberianos para nutrir la embriaguez muscarínica). L. Carroll también explica que las visiones fantásticas que tiene Alicia acontecen cuando duerme profundamente en un prado: en primer lugar se trata del tipo de terrenos donde crece el matamoscas, y en segundo lugar descubrimos la misma situación en la cual

16. A pesar de que en la traducción citada de Josep Carner se utiliza el término "champiñón", que hace referencia a un tipo concreto de hongo, en el original inglés, Carroll usa el término genérico, cuya traducción literal es "hongo". En las ilustraciones realistas hechas por John Tenniel para el original, la Oruga fue dibujada fumando una pipa de agua, o pipa turca -tradicionalmente usada en el Próximo Oriente para inhalar hojas embriagantes de *tutúm*-, sentada sobre un espécimen de hongo cuya silueta podía ser perfectamente un matamoscas pese a que el dibujo no era en colores.

encontramos habitualmente a los individuos intoxicados por la falsa oronja mientras mantienen la mente viajando por otras realidades alternativas; además, las visiones que tiene Alicia son muy luminosas, pese a que toda la acción de la novela sucede bajo tierra, y ésta es una de las cualidades más sobresalientes que tienen las visiones fosfénicas.

Las enormes y sorprendentes coincidencias entre el famoso relato escrito por Lewis Carroll y las alteraciones percepto-espaciales provocadas por la ingestión de *Amanita muscaria* quedan esclarecidas por la vida misma del autor: Carroll, unos cuantos años antes de escribir *Alicia en el País de las Maravillas*, había viajado por el norte de Europa y por Siberia, donde fácilmente debió haber descubierto el uso embriagante que los siberianos hacen del hongo. Los biógrafos del autor resaltan la importancia que tuvo este viaje en la trayectoria humana de Carroll; tal vez ya conocía las posibilidades enteógenas del matamoscas a través de alguna secreta tradición anglosajona o tal vez las descubrió originalmente en Siberia, pero el hecho es que en su relato, las coincidencias son excesivas para considerarlas fruto de la imaginación pura o del azar.

En el texto original localizamos otra probable relación entre las substancias enteógenas, o sencillamente embriagantes, y el relato de L. Carroll. En la versión de la novela finalmente publicada, cuando Alicia es descubierta por el Conejo, éste, del susto, pierde los guantes blancos, que recoge la protagonista, la cual, oliéndolos, se percata que varía de tamaño (antes de encontrar a la Oruga y al hongo). Alicia aprovecha el efecto de los guantes algunas veces para variar de talla. En el manuscrito original de Carroll, en cambio, el Conejo Blanco no lleva guantes, sino que se le cae un ramo de "flores blancas" que hacen variar el tamaño de la protagonista cuando las olfatea. Lo absurdo de oler unos guantes que ha perdido un conejo estupefacto no se destaca en un texto fantasioso, pero es necesario tener presente que Carroll oculta una realidad detrás de cada situación y de cada personaje esperpéntico que aparece en su obra (la protagonista es, en realidad, su sobrina, por la cual tiene una estima especial; el personaje encarnado por un Dodo es él mismo, que, siendo ligeramente tartamudo, cada vez que tenía que pronunciar su apellido -Dodgson- decía "Do...Do... Dodgson"; la Reina de Inglaterra aparece caricaturizada, con manías y peculiaridades, en el relato, así como diversos miembros del gobierno de la época, etc.). Teniendo presente el doble juego realista de la obra, podemos pensar que, en el caso de ser flores blancas lo que lleva el Conejo al espantarse ante Alicia y que ésta recoge, tiene mucho más sentido que las olfatee y, de hecho, sí hay unos especímenes vegetales de grandes flores blancas que causan trastornos sensoriales: la *Datura estramonium*, muy usada en las tradiciones mágicas y brujeriles de Europa, y que actualmente lo sigue siendo entre los pueblos indígenas americanos (bajo la variedad de las *Brugmansias*; ver FERICGLA, 1994) ¿Pudiera ser que Lewis Carroll aludiera a estas potentísimas plantas, y que la versión original fuera corregida tal vez pensando en la edición y en el pudor de la época? Esta es mi opinión.

Analizando el aspecto histórico de la micofobia inglesa, encontramos a los celtas en la base del mundo y la cultura anglosajones. El pueblo celta había quedado arrinconado, desde la expansión del Imperio romano, en las Islas Británicas y en la Bretaña continental. Wasson cree que la cultura celta, al igual que la inglesa y la gallega, era micófoba. Nosotros tampoco hemos encontrado el menor signo de micofilia en estos pueblos, pero sí que hemos hallado rastros del consumo de la falsa oronja, hecho que enlaza con el uso que hacían los escoceses de esta seta hasta hace pocos decenios, y con el origen de los términos pre-latinos *mussirio* y *boletus*, que pueden proceder de la zona más occidental del Viejo Mundo, territorio en buena parte celta.

Según ARBOIS DE JUVAINVILLE (1981; 68-69), los gnomos ocupan realmente un lugar importante en las tradiciones bretona y celta, hasta el punto que se han registrado tres términos diferentes para denominarlos: *luchrupan*, *luchorp* y *abac*, el significado de los cuales puede traducirse por "pequeño corpúsculo", "chispa" y "sorprendente", respectivamente. Casi podemos decir que son los mismos términos que describen esta realidad en la tradición catalano-occitana: *martinets* ("enanitos", traducido muy libremente al castellano), *follets* o *focs follets* ("locuelos" o "fuegos locuelos"), gnomos y, más localmente, *menairons* ("duendes"). Estas denominaciones son un auténtico dibujo antropomorfizado de los efectos del matamoscas (cf. el capítulo "Efectos de la ingestión de *Amanita muscaria*").

Los celtas, como los británicos actuales, eran micófobos y también respetaban rígidamente la prohibición de consumir hongos, pero nosotros creemos que se conocía, aunque fuera en un círculo reducido de chamanes o sacerdotes, el efecto de la intoxicación enteógena causada por la oropéndola loca u oronja falsa, y este hecho ha quedado plasmado en las leyendas y la literatura tradicional celtas.

Finalmente, aportamos un testimonio curioso y excepcional de la micofobia anglosajona: Charles R. Darwin. En el diario de viaje que el prestigioso naturalista escribió durante la travesía a bordo del Beagle, que duró de 1831 al 1836, localizamos un pasaje en donde se describe la micofilia de los fueguinos, los nativos de Tierra del Fuego, y de donde podemos deducir los conocimientos del autor respecto a la micofilia. Al pasar por la Tierra de Fuego, el extremo más meridional de América del Sur, y contactar con las etnias indígenas, Darwin escribe:

En la Tierra del Fuego las mujeres y los niños suelen recoger los hongos cuando están maduros y los comen crudos. Tienen un sabor mucilaginoso y ligeramente dulce y tiene un olor parecido al del musgo. Fuera de estos hongos y de los frutos, especialmente los que produce una especie de madroño silvestre, los nativos no comen ningún otro vegetal (...). En la actualidad, según creo, la Tierra del Fuego es el único país del mundo donde una planta criptógama proporciona un artículo de alimentación de consumo general. (DARWIN, 1955:293)

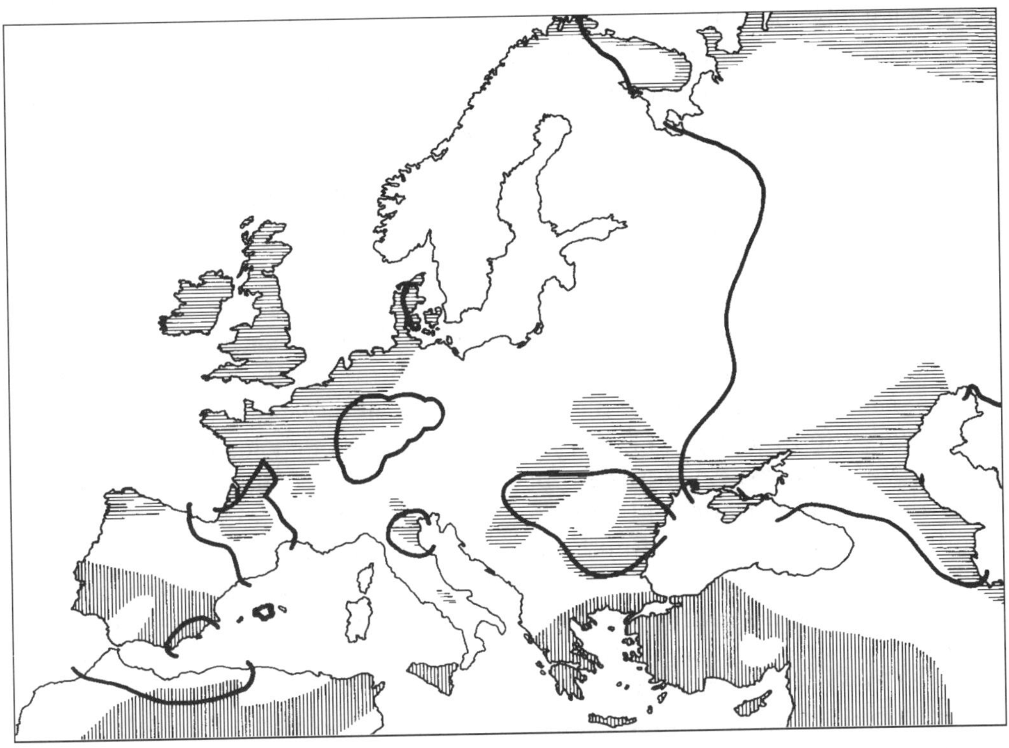

Fig. 11 *Excepto las Islas Británicas y las zonas de influencia celta, como Galicia, las tierras micófilas coinciden de manera significativa con los territorios donde crece el matamoscas (esquema original tomado de* WASSON, *1968:155).*
LEYENDA: *Las rayas horizontales indican la distribución del género* Betula, *donde se incluyen los abedules que hospedan a la* Amanita muscaria. *Las rayas verticales indican la distribución del género* Pinus, *que ocasionalmente también hospeda a la* Amanita muscaria. *Finalmente, el trazo grueso encierra las zonas explícitamente micófilas del Viejo Mundo las que tenemos documentación. Hay alguna otra, pero por falta de información directa, preferimos omitirla.*

La planta criptógama a la que se refiere Charles R. Darwin es, naturalmente, el hongo que comen los indígenas. Si Darwin hubiera sido micófilo, probablemente no habría descrito el gusto del hongo, dando por seguro que todo el mundo lo ha consumido en alguna ocasión, y además ¡el más ilustre y conocido naturalista de la época no conocía ningún otro país del mundo donde la gente comía hongos!

Finalmente, hay una relación que es imprescindible establecer referente a los pueblos y territorios micófilos y micófobos del Viejo Mundo.

Los hongos son unos seres que difícilmente pueden existir por sí mismos. La mayoría de especímenes viven gracias a la simbiosis que establecen con los árboles o las plantas con las que mejor se acoplan a través de la micorriza. En este proceso de intercambio, los hongos obtienen de las plantas o de los árboles las azúcares y los aminoácidos que ellos mismos no pueden sintetizar pero que necesitan. Los árboles conectados por raíces minúsculas con las hifas del micelio del hongo hospedado absorben nitrógeno, fósforo, potasio y calcio, y así la simbiósis se redondea. Este hecho -la necesidad de un intercambio específico- es la causa que algunos especímenes de hongos tan sólo crezcan al abrigo de tipos concretos de árboles o plantas, y otras especies de hongos, en simbiosis con otros vegetales.

En el Viejo Mundo encontramos las zonas habitadas por pueblos micófilos claramente relacionadas con los bosques de abedules (catalán, *bedoll*; francés, *bouleau*; inglés, *birch*; alemán, *Birke*; y latín, *betula*) y/o bosques de pinos negros (en Cataluña, *Pinus uncinata*; en los Alpes y los Cárpatos, *Pinus cembra*) y de abetos. En Eurasia, pues, los territorios ocupados por pueblos micófilos (exceptuando al mundo anglosajón) coinciden de manera significativa con las zonas donde localizamos los bosques de árboles que hospedan al matamoscas: el abedul y el pino negro (la *Amanita muscaria* también crece ocasionalmente en bosques de hayas: de aquí que uno de los nombre populares catalanes sea el de *reig de fageda*, "[hongo de la] acequia del hayal"; en castellano popular, *oronja falsa* o *amanita de hayal*).

En Cataluña, los abedules nunca han ocupado grandes extensiones de bosque y se comportan como vegetación secundaria, que crece entre los mil y los dos mil metros de altitud. Los encontramos en el Valle de Arán, en la zona pirenaica del alto Pallars Sobirá, en los valles del vecino país de Andorra, en Collsacabra y en parte de la comarca septentrional de la Cerdanya: exactamente en las zonas más profundamente micófilas del país. En la otra región intensamente micófila de Cataluña, el Montseny, es donde localizamos grandes bosques de pino, bajo cuyo abrigo cada otoño crecen centenares de matamoscas, aunque de menor calidad enteógena que las que realizan la simbiosis con abedules.

Fig. 12 *En el mapa superior están marcados los territorios donde crece el* Pinus silvestris *en la Península Ibérica.*

En el mapa inferior está señalada la zona donde crece el Fagus silvatica *o haya. Véase la coincidencia entre los territorios donde crecen estos árboles hospederos ocasionales de la oropéndola loca, y el plano de las zonas micófilas de la Península Ibérica* (FIG. 6, p. 83)

Por otro lado, no podemos olvidar la importancia que ha tenido el abedul en toda la mitología de Europa central y septentrional. En los paises nórdicos hay millares de hectáreas de bosques de abedules, preciosos, con el tronco de color blanco brillante, mucho más blanco que los álamos y los chopos, que llenan los epopéicos paisajes clásicos habitados por rebaños de renos. El abedul es el árbol de la vida, el eje mágico y místico del mundo (*axis mundi*), el que proporciona la leche que los dioses celestiales ofrecen a la humanidad mortal. R. Gordon Wasson, que investigó intensamente sobre el mundo cultural siberiano, cree que el abedul es el árbol de la mitología europea justamente porque hospeda a la *Amanita muscaria*. Los siberianos y los paleosiberianos pronto se dieron cuenta de la estrecha relación vital existente entre el abedul y el hongo enteógeno. El árbol era adorado en los paises nórdicos antiguos y su huésped, la oropéndola loca, era considerada un embriagante divino, por lo que el abedul participaba también de la misma cualidad.

En *Mythology of All Races*, de Holmberg, hay un fragmento donde se pone claramente de relieve la relación abedul-hongo enteógeno en la tradición siberiana: el espíritu de abedul es una mujer de mediana edad que, a veces, surge a partir de las raíces o del tronco, en respuesta a los ruegos de sus adoradores. Sólo aparece hasta la cintura y tiene la mirada grave, los rizos flotantes y los pechos desnudos y turgentes. Ofrece miel al suplicante (el zumo amarillento del matamoscas), el cual es bebido y así multiplica sus fuerzas. La historia, registrada por Uno Holmberg con innumerables variantes, hace una referencia clara al hongo pese a que ningún informante se lo recordara, de tan corriente y normal que es saberlo entre los siberianos. El pecho turgente no es otra cosa que el sombrerete del hongo y la miel, el licor enteógeno que se extrae exprimiéndolo o dejándolo en maceración, como hemos constatado nosotros mismos en diversas ocasiones.

Respecto al *axis mundi* primigenio, se suscitó una discusión entre R. Gordon Wasson y Mircea Eliade, que con la muerte de ambos sigue sin resolución. El primero opinaba que el origen del mito del árbol como centro del mundo, que permite el paso a unas realidades supraordinarias habitadas por las deidades, surge en Europa septentrional y a causa del extendido consumo de matamoscas en el sistema chamánico. M. Eliade, en cambio, creía que el mito viene de más del este, originado en unos pueblos orientales protohistóricos desconocidos y adaptado posteriormente por las tribus centroeuropeas. La obra de R. Gordon Wasson es continuada en la actualidad por Jonathan Ott, el cual puede ser consultado en castellano en: OTT, 1994.

LA GASTRONOMÍA NO JUSTIFICA LA MICOFÍLIA

No es correcto oponer radicalmente la micofobia a la micofagia (la fobia y el asco hacia los hongos, al hecho de comerlos), porque encontramos, como ya hemos señalado, algunos pueblos absolutamente micófobos que aceptan comer algún espécimen concreto de hongo.

La verdad es que, cualquiera que sea el nivel en que se trabaja y cualquiera que sea su complejidad, el principio rector permanece siendo el mismo: los pueblos, como las vidas, contienen siempre sus propias explicaciones. Tan sólo es necesario comprenderlas o tener acceso a ellas. Hemos de encontrar la explicación de la micofilia y de sus causas verdaderas en las zonas micófilas, en los hábitos culinarios, artísticos, religiosos, etc., sean de mucha o poca importancia aparente. Uno de los problemas más laboriosos que tiene cualquier antropólogo al estudiar una cultura es, ciertamente, comprender los pequeños hechos culturales de los que tal vez nunca se habla, de tan comunes que son, pero que señalan la racionalidad que explica la vida cotidiana.

Si además se trabaja buscando etiologías en el pasado, es necesario hacer constantemente la transposición cronológica a la realidad pretérita, repescada a través de pequeños detalles, a veces insignificantes, que fácilmente pasan desapercibidos. Las armaduras de hierro, por ejemplo, han sido estudiadas desde diversas ópticas: militar, histórica, estética, etc., pero poca gente se ha fijado en que son muy pequeñas en relación con la estatura actual de los hombres (prácticamente no sobrepasan nunca el metro y medio); que pesan mucho; que en el interior debía hacer mucho calor; que sumando el peso de las espadas, las alabardas y las picas, eran muchos los kilogramos que tenía de transportar y mover el soldado o el caballero que estaba dentro; que las batallas solían durar muchas horas, a menudo días enteros, que el guerrero pasaba horas sin comer y sin descansar, etc. Se extrae de ello que debían ser unos hombres físicamente diferentes a los actuales: bajitos, extremadamente fuertes y resistentes; que probablemente no conceptualizaban y percibían el dolor físico igual a como lo hacemos hoy;

que necesitaban una alimentación más rica en calorías; que disfrutaban de una mayor elasticidad corporal en el sentido de poder pasar sin comer, beber ni descansar un tiempo considerable, y que posteriormente lo recuperaban, facultad que va ligada a la esteatopígia natural, etc.

Estos detalles son de una importancia antropológica capital y es preciso tenerlos presentes, en nuestro ejemplo, incluso en un análisis histórico. Son detalles de los cuales pocas veces se habla, pero a nosotros nos preocupan constantemente durante la elaboración de nuestro trabajo, y es a partir de los grandes hechos objetivables aunque ocultos y de estas pequeñas porciones indicadoras de realidad que hay que teorizar. La micofilia y la micofobia eran particularidades culturales que hasta hace algunos años pasaban desapercibidas, a pesar de ser puertas abiertas a inmensos caminos de comprensión cultural y humana. A la etnomicología y especialmente a la etnofarmacognosia les queda un largo camino por recorrer.

El uso culinario de las setas no ha podido ser nunca la causa de las tendencias emocionales micófilas, de la misma manera que la micofobia no tiene su origen en territorios faltos de hongos.

Entre los campesinos que usan hoy animales de trabajo, hay la costumbre de darles una alimentación diferente según si están en época anual de trabajo, de estar encerrados en el establo o de realizar tareas ligeras. Durante los meses en que el animal (caballos, mulas o yeguas en la actualidad) tiene un desgaste físico considerable arrastrando troncos por las montañas, quebrando y labrando la tierra, etc., es alimentado con grano caliente, es decir, con avena, cebada, centeno o algarroba. Pero durante la época en que el animal no trabaja esforzadamente, los campesinos le rebajan la dieta al mínimo para vivir, basada en moyuelos o simple harina de la cáscara del trigo, paja y agua. Este detalle, por ejemplo, pone de relieve que un individuo que trabaja entre siete y diez horas, o más, diarias haciendo unos esfuerzos físicos regularmente altos conoce por propia experiencia los alimentos que le aportan suficientes calorías para satisfacer sus necesidades de trabajo y los que no. Los detalles de este tipo, actualmente semidesconocidos por la gente que habita en grandes o pequeños centros urbanos y que desarrolla actividades sedentarias, han sido observados y valorados por la humanidad desde la prehistoria hasta los inicios del siglo XX (alrededor del año 1900 había aproximadamente un 80% de la población española que habitaba zonas rurales, mientras que en la década de los 1990 sólo un 20% permanece en este medio, y además la tecnología aplicada al mundo rural ha eliminado una buena parte de las tareas físicamente más duras). La gente conocía y buscaba, en términos generales, los alimentos que daban fuerza para trabajar, que ayudaban a combatir el frío invernal por debajo los 0º C; también conocía los alimentos que llenaban el estómago pero que no aportaban calorías y, en general, se era capaz de distinguir meticulosamente los gustos de las substancias: de qué fuente era el agua con la que se había llenado el cántaro, si las judías de una cosecha eran más sabrosas que las de otra, etc., distinciones que hoy es difícil hacer en las ciudades a causa del gran caos informativo que recibimos las personas y del cambio general de estilo de vida (por ejemplo, se comen legumbres adquiridas en el mercado que provienen de distintas cosechas, hábitats, incluso continentes: es quasi imposible poder conocer el origen por el gusto; como máximo se distinguen calidades).

Los hongos contienen unas cantidades insignificantes de calorías y de nutrientes aprovechables por el aparato digestivo humano. Se componen básicamente de agua y quitina (quitina-gluca) y sólo en algún caso muy limitado por celulosa, sales minerales, alguna proteína y algún glúcido, pese a que algún movimiento en pro de la alimentación naturista haya querido ver en los hongos una fuente incalculable de alimento natural.

En este sentido, la poca capacidad calórica que tienen los hongos no podía pasar desapercibida a nuestros antepasados. Analizando cien gramos de rovellones o níscalos, justamente uno de los especímenes con más contenido alimentario, da como resultado:

proteínas	3,0 gr.
lípidos	0,8 gr.
glúcidos	3,0 gr.
sales minerales	0,7 gr.
agua	88,8 gr.

Realizada la trasposición a energía calórica, descubrimos que cien gramos de rovellones contienen tan sólo 33,6 calorías. Una persona que desarrolle un trabajo físico regular consume aproximadamente unas tres mil calorías al día. Por tanto, si nada más come rovellones, y aún suponiendo que asimilase toda la substancia, necesitaría 8,9 kg de hongos diarios. Elaborando el mismo índice con alimentos de origen animal, obtenemos un resultado muy diferente: por ejemplo, la carne de puerco, de las más consumidas por la humanidad, suministra las tres mil calorías con 740 gramos. El paralelismo es obviamente absurdo porque nadie ha intentado alimentarse únicamente con hongos, pero para nuestras necesidades comparativas es muy ilustrativo.

Este argumento es abonado por el *Llibre del coch* ("Libro del cocinero"), escrito en Barcelona en el año 1520 por el "*Maestre Robert, coch* [cocinero] *del serenissimo Senyor Don Ferrando, rey de Nápols"*. Esta obra es una auténtica joya histórico-culinaria que ha permitido conocer cómo comían realmente las clases aristocráticas en Cataluña y Aragón, y en el resto de España e Italia, a finales del siglo XVI, justo antes de introducir las numerosas innovaciones dietéticas importadas del Nuevo Mundo, que se difundieron rápidamente por toda la sociedad del Viejo Mundo, sobre todo por la Península Ibérica.

En el libro del Maestre Robert no localizamos una sola receta que incluya hongos entre los ingredientes usados, con la excepción de las trufas, y ello no es atribuible a una actitud micófoba del Maestre Cocinero del Rey Fernando, ya que ambos eran catalanes, y en su libro de recetas no tan sólo describe las fórmulas culinarias que creaba para la casa real, sino que también recoge recetas de origen popular. De las 229 recetas que incluye el libro tan sólo en ocho se usan trufas, y por el tipo de recetario de que se trata, me inclino a pensar que, en parte, la cocina aristocrática medieval es una supervivencia del arte culinario romano. Las trufas pueden considerarse, en este caso, unos ingredientes secundarios.

De las 229 recetas, en cambio, hay 201 que contienen entre sus ingredientes básicos cantidades importantes de huevos y de frutos secos. ¿Por qué esta constancia de ambos elementos? Además de tratarse de productos agrícolas locales, tanto los huevos como los frutos secos aportan muchas calorías, hecho que los convierte en alimentos adecuadísimos para individuos con un desgaste físico elevado, que habitan en construcciones sin las comodidades, el control térmico y todo lo demás que actualmente tienen nuestras moradas, etc.

Por otro lado, hemos constatado en diversas ocasiones que en Cataluña y en otras zonas micófilas los hongos constituyen una comida festiva y mágica, cargada de unas peculiaridades muy especiales que la hacen más próxima a la carne de caza, por ejemplo, que a cualquier otro alimento. Un plato de hongos, para un individuo micófilo, tiene una carga afectiva difícil de explicar y que no está tan sólo relacionada con el hecho de tratarse de un alimento de temporada.

Los pueblos micófilos han buscado hongos pese a los altibajos que registra la historia, pero no por la rentabilidad calórica de estos extraños vegetales, sino por la especial peculiaridad emotiva que despierta su consumo: magia, gozo espontáneo, fantasía, ilusión, etc.

Creo que ni la micofagia (acto de comer hongos) ni la micofilia en un sentido más amplio (conocer y apreciar los hongos), tienen el origen en el uso gastronómico de tales vegetales: al contrario, el uso culinario tiene más de carácter substitutivo que de finalidad en sí misma. Los pueblos micófilos de todas las épocas del Viejo Mundo han comido hongos porque los aprecian, no porque les aporten realmente alguna solución dietética, de la misma manera que la micofobia tiene más peculiaridades de tabú irracional que de precaución pragmática ante unas substancias materialmente peligrosas e indiscriminables, aunque en algún caso lo sean.

MUESTRA ESTADÍSTICA

En el año 1981 distribuí un cuestionario por algunas zonas concretas de Cataluña, cuyo resultado exponemos a continuación. El hecho de que sólo distribuyéramos los mil cuestionarios por una parte de Cataluña se debió a que hay zonas que ya conocemos profundamente en su peculiaridad micófila y con la encuesta quería complementar las informaciones de que ya disponía.

Los pueblos en los que se distribuyeron los cuestionarios fueron escogidos de acuerdo con los siguientes requisitos: no podían tener más de dos mil habitantes; habían de estar en zonas fronterizas de Cataluña, allá donde la relación con pueblos micófobos es más frecuente; y era preciso que fueran poblaciones de las que aún no tuviésemos ninguna información de primera mano.

Los ejemplares del impreso se enviaron a los regidores de cultura de cada ayuntamiento con una carta adjunta donde se explicaba la finalidad del estudio y se le pedía que los repartiera entre las personas del pueblo más aficionadas a recoger hongos (en los pueblos pequeños catalanes todo el mundo se conoce y se saben las aficiones públicas y secretas de cada uno). Los impresos se distribuyeron a mediados de septiembre, justo cuando comienza la temporada otoñal de los hongos y el tema está fresco en la mente y en el interés de todos. Además, coincidiendo con el *I Congrés de Cultura Catalana Popular i Tradicional*, conseguimos un apoyo oficial que, aunque era minúsculo, se indicaba en la carta dirigida a los regidores a fin de que se interesaran más en la tarea.

De los mil cuestionarios enviados, nos devolvieron 370, es decir, un 37 por ciento, los cuales juntamente con la información que ya teníamos de fuentes bibliográficas, fueron suficientes para elaborar parcialmente el material que exponemos en el presente capítulo.

Los pueblecitos catalanes a los que envié los impresos son: Àger, Alcanar, Alfarràs, Amer, les Borges del Camp, Bossost, Cabanes, Colera, la

Granja d'Escarp, Ivars de Noguera, la Llacuna, Llers, Llinars del Vallès, el Masroig, Oliana, Pont de Molins, Ribera de Cardós, Roquetes, la Seu d'Urgell y Urtx.

Además de los cuestionarios distribuidos, personalmente entrevistamos docenas de personas de las comarcas interiores del Ripollès, el Montseny, la Garrotxa, Osona y el Lluçanès, con lo cual las afirmaciones y datos resultantes se apoyan en un válido y esclarecedor material de campo de primera mano.

Las preguntas y los resultados obtenidos son (el porcentaje está calculado sobre las respuestas recibidas, que como ya hemos dicho, forman el 37 por ciento del total enviado):

1. ¿Tradicionalmente se recogen hongos en su comarca?

En un 100% de los casos entrevistados la respuesta es "sí". Los catalanes son, definitivamente, un pueblo micófilo.

2. Seguramente usted aprendió a distinguir los hongos buenos de los venenosos cuando era pequeño y por boca de las personas que entonces eran adultas. ¿Ha aprendido a distinguir más tipos de hongos con el tiempo (de otros recolectores de hongos, de programas divulgativos o de libros)?

Las respuestas se dividieron en un 50 por ciento afirmativo y un 50 por ciento negativo. El porcentaje de individuos que mantienen el interés sobre los hongos a lo largo de toda la vida se puede considerar muy elevado teniendo en cuenta que se trata de una actividad calendáricamente marginal. Pese a todo, y como se aprecia en la pregunta siguiente, los especímenes que la mayoría de gente distingue y recoge son relativamente pocos. Es muy probable que este hecho sea debido, justamente, al carácter de prohibición cultural que pesa los hongos desconocidos, y que además la temporada anual buena para dedicarse a recogerlos es corta.

3. ¿Cuántos tipos diferentes de hongos conoce? ¿Los distinguiría del resto pese a no saber el nombre?

Los resultados a este ítem de respuesta abierta fueron posteriormente agrupados en cuatro categorías que engloban las respuestas con bastante exactitud:

distinguen de 2 a 6 especies de hongos. . . . . . 7,3 %
distinguen de 7 a 12 especies de hongos. . . . 44,7 %
distinguen de 13 a 20 especies de hongos. . . .45,4 %
distinguen más de 20 especies de hongos. . . . 2,6 %

Fue muy interesante el hecho de que en un 46 por ciento de los casos nos devolvieron el cuestionario con la lista de los nombres específicos de hongos que conocía el informante, en lugar de responder numéricamente: esto se puede interpretar como reflejo de un estilo cognitivo más avezado en identificar realidades concretas que en la elaboración de abstracciones numéricas. Por otro lado, también es interesante y significativo el hecho de que las personas más avezadas de los lugares más micófilos, de un pueblo ya de por sí micófilo, reconozcan en más de la mitad de los casos un máximo de 12 especímenes, y que el límite practicamente se sitúe en los 20. Parece que la micofagia no da para más.

4. ¿Conoce otras utilidades de los hongos, además de la culinaria?

Un 53 por ciento de las respuestas recibidas es "no" y un 44,1 por ciento recuerda el comercio de hongos o aún lo practica. En un 2,9 por ciento de los casos la respuesta se dejó en blanco.

5. ¿Cuántos días de cada temporada va a recoger hongos?

También aquí agrupamos las respuestas recibidas en:

de 0 a 1 día . . . . 2,7 %
de 2 a 4 días . . . . 29,3 %
de 5 a 8 días . . . . 40,0 %
de 9 a 12 días . . . . . . 10,1 %
más de 12 días de cada temporada 17,9 %

Estos porcentajes tienen que ser interpretados con evidentes precauciones. Por un lado, únicamente enviamos impresos con el cuestionario a pueblecitos de montaña es decir, que tienen más al alcance la posibilidad de *cazar* (como dicen en algunos lugares, por ejemplo el Ripollès) o recolectar hongos que la mayoría numérica de población que habita en ciudades. Probablemente, si hubiese pasado el cuestionario en centros de población de más de trescientos mil habitantes, por ejemplo, la primera y la segunda variable habrían aumentado considerablemente.

Por otro lado, si los regidores municipales se ajustaron a nuestros ruegos que se adjuntaban por escrito, debieron distribuir los impresos entre los individuos de cada pueblo más destacadamente aficionados a los hongos; y es de esperar que éstos, además de reconocer más especímenes que el resto de sus coterráneos, también deben salir más a menudo a la montaña.

Sin embargo, el bajo porcentaje de días que anualmente se sale a recoger setas nos sorprendió teniendo en cuenta las advertencias precedentes, referidas al tipo de informantes que llenó los cuestionarios.

La época anual más adecuada para recoger setas dura unos cuarenta días, a veces más, y el tema es de verdadero interés y pasión entre la gente del campo. A pesar de lo subjetivo del tema, convendría averiguar la cantidad de horas de que disponen semanalmente los habitantes de pueblos de montaña de menos de dos mil habitantes para conocer la relación real entre el tiempo dedicado a los hongos y el tiempo disponible en el otoño.

6. ¿Ha probado alguna vez hongos que no conoce? ¿No ha pensado que entre los que no conoce también hay hongos buenos?

Las respuestas obtenidas a esta pregunta doble se distribuyen así: un 100 por ciento de los entrevistados no ha probado ningún hongo desconocido por miedo a envenenarse, y sólo un 28,6 por ciento había pensado que tal vez hay especímenes comestibles entre los desconocidos.

Una respuesta llegada de Fontanals de Cerdanya (nombre adoptado por el nuevo municipio surgido de la fusión de Urtx y de Queixans, en la Baja Cerdanya) es singularmente clara respecto a lo que significa una actitud pasional regida por el tabú del hongo, aunque se dé micofilia: "Los riesgos de un serio envenenamiento dan miedo. Claro está que entre los tipos de hongos que no conozco hay algunos que deben ser buenos; sin embargo, si hubiera comido de los 'otros', ya no lo contaría". En esta respuesta vemos que, inmediatamente después de afirmar que "claro está que entre los tipos de hongos que no conozco hay algunos que deben ser buenos", el informante está totalmente seguro de que: "si hubiera comido de los 'otros' no lo contaría". La relación inconscientemente establecida es patente: hongos desconocidos = muerte. El informante que respondió éste cuestionario tiene, sin duda, un nivel cultural elevado, que se desprende del hecho inusual de emplear la máquina de escribir para responder y de hacerlo en un catalán correctamente escrito, no habiéndolo aprendido en la escuela de pequeño -debido a la prohibición en la época franquista de tal estilo e idioma en los planes educativos. También manifiesta, en otras respuestas, un relajado e inteligente sentido del humor muy propio de la Cerdanya.

7. ¿Conoce directamente algún caso de intoxicación por hongos?

La respuesta unánime, del 100 por cien, es "no": indiscutiblemente, la prudencia es extrema a la hora de ingerir hongos. No obstante, hemos recibido respuestas apasionadamente contradictorias, hijas del tabú irracional del hongo asumido con la más esperada naturalidad del mundo: un informante de las Borges del Camp, por ejemplo, nos dice de manera taxativa que "en nuestra comarca no existen hongos venenosos" cuando palabras más arriba afirma, escandalizado por la pregunta, que no come especímenes desconocidos por miedo de envenenarse, que no está loco. Lógicamente hablando, eso no tiene explicación.

8. ¿Conoce algún lugar -comarca o pueblo- donde la gente no coma hongos?

En el 83 por ciento de las respuestas recibidas, los encuestados no han oído hablar de ninguna parte donde no se consumiesen setas; el 15,7 por ciento ha oído comentarlo, sobre todo a los inmigrantes provenientes de Castilla, Galicia y Andalucía; y el 1,3 por ciento lo ha verificado directamente en sus viajes.

9. ¿Cree que comer hongos tiene un carácter más festivo que comer cualquier otra cosa?

El 70 por ciento de los informantes afirma percibir la existencia de alguna peculiaridad especial en un ágape que incluya hongos; el 18 por ciento no encuentra que tenga ningún sentido ni ninguna significación especial; y el 12 por ciento duda, dice que no lo sabe o deja la respuesta en blanco.

10. ¿Recuerda si en los tiempos antiguos de las brujas y la magia se usaba algún hongo con alguna finalidad especial? ¿Ha oído hablar de eso?

El 93,3 por ciento de la muestra analizada responde negativamente. El 1,1 por ciento lo afirma sin más explicaciones: "se dice", "he oído contarlo", etc. El 5,6 por ciento de los casos deja la respuesta en blanco.

El uso de los hongos con fines enteógenos, concretamente el consumo de la *Amanita muscaria*, no ha seguido un camino tradicional al alcance de todos. Según mi hipótesis, se ha mantenido siempre en círculos cerrados, o bien marginales, que la han ingerido desobedeciendo la prohibición cultural e inquisitorial que imperaba y pasando tal conocimiento de generación en generación, sin que la mayoría del pueblo supiese de tal realidad .

11. ¿Sabe si el hongo llamado matamoscas, oropéndola loca u oronja falsa tiene algún significado especial?

"Matamoscas" y "oronja falsa" son dos nombres vulgares de la *Amanita muscaria*. Las respuestas vienen distribuidas así: el 91,2 por ciento responden con "no", "no lo conozco", etc.; y el resto, el 8,8 por ciento, afirma que se trata de "un espécimen muy venenoso", "el más peligroso de todos los hongos", etc.

Uno de los hechos más sorprendentes que hemos hallado a lo largo de la presente investigación se refiere a la gran cantidad de jóvenes que conocen los efectos enteógenos de la oropéndola loca, y la consumen de manera privada. Por lo que observamos en el resultado de la encuesta y en entrevistas libres, esta información ha corrido entre la gente, aunque en muchos casos no corresponde a un conocimiento popular, extenso y antiguo, sino que ha llegado hasta los jóvenes actuales como un saber de nueva adquisición, consecuencia del interés hacia el consumo de enteógenos. La sabiduría antigua en torno al matamoscas prácticamente ha muerto en Occidente con los últimos pastores, hombres de bosque y carboneros, gente que vivía absolutamente marginada, en medio de bosques y en los lugares de pastos. Es una información tradicional y secreta que se interrumpió en los años treinta y que, siguiendo un camino propio y muy diferenciado, ha sido recuperada en la actualidad por una minoría juvenil saltando un par de generaciones. Eso nos hace pensar nuevamente en que cada cultura, incluso cada generación, busca su enteógeno adecuado.

(Repito lo comentado anteriormente: a pesar de esta afirmación, que mantengo por respeto al texto original de esta obra, con posterioridad a la primera edición descubrí por azar que esta tradición sigue manteniéndose viva en el Pirineo catalán, aunque muy soterrada y oculta debido a los siglos de persecución inquisitorial primero -este tipo de experiencias divinas, estados extáticos o excursiones psíquicas eran tenidos por obra del diablo-; por rechazo de la industrialización más tarde -que introdujo la burla y la mofa contra todo lo que no respirara aire de progreso, tildando de supersticiones propias de retrasados mentales todo aquello que las tradiciones habían aportado-; y finalmente por la asociación moderna del matamoscas y de cualquier enteógeno con las "temibles drogas ilícitas", objeto de indiscriminada persecución policial. Por todo ello, la tradición -aunque por supuesto ha variado en muchos sentidos- se mantiene fantásticamente desde hace unos mil ochocientos años: oculta. Véase el Addenda.)

12. Explique alguna anécdota interesante referida a los hongos, al origen de la tradición, al uso que Ud. hace de ellos, a los hábitos y costumbres, etc.

La imaginación, en general, parece dormirse ante un papel en blanco. Pocos informantes explican anécdotas que sean interesantes o sugerentes. La mayoría de las que hemos recibido se refieren al ganado, en el sentido de que también come los hongos que encuentra.

En un impreso recibido de Borges del Camp se nos dice: "...no puedo darle ninguna orientación sobre los orígenes de la tradición, pero tengo setenta y cuatro años, y a los cinco o seis ya iba a buscarlos (los hongos) con mi madrina. En aquellos tiempos eran muy pocas las familias que iban a recoger por el gusto de comérselos. Más iban las familias modestas para venderlos."

La narración de este señor de setenta y cuatro años pone de evidencia que durante su juventud el consumo de setas no gozaba de gran interés gastronómico entre las clases bajas y campesinas, pero sí entre las clases sociales urbanas con poder adquisitivo, que las compraban. Ya encontramos esta misma diferencia entre los romanos: los patricios apreciaban los hongos y agradecían un *fisci amanita caesarea* ("un cesto de amanitas de los césares"), costumbre tomada en préstamo a imagen del consumo ritual de hongos enteógenos por parte de los hierofantes helénicos y probablemente también por parte de pueblos de fuera de sus fronteras septentrionales. Si los hongos tuviesen un valor alimenticio realmente apreciable, durante la época de miseria material de la postguerra civil española, por ejemplo, habrían sido buscados por todo el mundo con el lógico interés que puede despertar un alimento gratuíto.

El origen de la micofilia es, repetimos, otro: se trata de una substitución ritual.

Incluimos también una segunda anécdota llegada de Amer (Girona), que pese a no tener ninguna relación directa con el presente estudio etnomicológico es una ilustración divertida de la ingeniosa picaresca popular:

"Un señor de este pueblo encontró entre sus manzanos un hongo en forma de ciprés que aquí llamamos *mírgola* y en otros lugares *ariganys* (en catalán; en castellano "colmenilla" o "morilla" [se trata de la *Morchella sp*]). Encontraron una docena de kilos. Habían sulfatado los manzanos y todas la hierbas quedaron marchitas y secas. Las colmenillas se veían de maravilla. Él temía que, a causa del herbicida, le podían hacer daño y se los dio a un vecino suyo, el cual los comió esa misma tarde. El día siguiente, viendo que su vecino caminaba tan tranquilo por la calle, él también comió y muy buenas que las encontró."

Resumiendo los resultados de la muestra estadística, se llega a las siguientes conclusiones: el pueblo catalán es absolutamente micófilo y la mayoría de la gente puede reconocer hasta un máximo de veinte clases diferentes de especímenes (el 90,1%). Este porcentaje es, generalmente, menor ya que los cuestionarios, repito, fueron distribuidos entre individuos que viven en contextos rurales -cosa que favorece los conocimientos micófilos- y suponemos que especialmente interesados en el tema; por eso creo que la cifra real del promedio de hongos reconocidos mayoritariamente en Cataluña, se sitúa entre siete y doce especímenes.

Los catalanes no recuerdan utilidades de los hongos fuera de la gastronómica y la comercial, que es una consecuencia. Sin embargo, habían tenido realmente muchos otros usos que se han perdido, como tantos rasgos de la vida rural tradicional: el hongo de yesca había servido para encender fuego (dejándolo secar y mojándolo en salitre) y para cerrar la pequeña hemorragia provocada por el uso de sanguijuelas en las depuraciones de la sangre; el *pet de llop* (en castellano hay un desusado nombre vulgar: "cuesco de lobo" [*Lycoperdon perlatum*]) se había aprovechado por las propiedades antibióticas que tienen las esporas, abriéndolo cuando está maduro y esparciéndolo en las pequeñas heridas (posteriormente se ha comprobado que las esporas del cuesco de lobo son similares a las de los hongos de la familia *Penicillium*, de donde se extrae la penicilina); también se había aprovechado esta extraña seta esférica quemándola bajo las colmenas para aturdir a las abejas de los enjambres en el momento de extraer la miel; el hongo pimentero -*pebràs*, en catalán o *llet de Santa Teresa*- (*Lactarius piperatus*) era utilizado para cortar la leche natural y elaborar el requesón; el matamoscas (*Amanita muscaria*) también había sido empleado con una función propiamente de insecticida, de donde le surge este nombre vulgar, etc.

De la respuesta a la quinta pregunta del cuestionario se extrae que la mayoría de catalanes (el 69,3 por ciento) dedican cada otoño entre dos y ocho días a recoger setas. A pesar de todo, creo que este resultado tampoco refleja fielmente la realidad por los mismos motivos aducidos antes, pero es interesante darse cuenta que la micofilia tiene una trascendencia de amplio abasto emotivo entre los catalanes y demás pueblos micófilos, pese a la poca dedicación real que recibe.

De la sexta y séptima pregunta queda claro que, a pesar de ser micófilos, los catalanes temen irracionalmente a los hongos desconocidos, o, mejor dicho, a los especímenes no reconocidos por la tradición, pese a que se pueden ampliar los conocimientos micológicos por medio de manuales o por otros caminos no tradicionales. Ningún informante afirma haber conocido directamente casos de intoxicación por hongos (aunque cada otoño ocurra alguno); en cambio, ninguno ha catado ejemplares no reconocidos por la tradición local pese a que hay magníficos manuales ilustrados de micología que hacen sencilla la identificación de un espécimen desconocido.

Algún informante incluso afirma rotundamente que ya estaría muerto si hubiera osado probar alguna seta desconocida. Reconocemos esta expresión de temor irracional y profundo como característica de los alimentos tabú que, por motivos de una realidad simbólica, quedan prohibidos en el seno de una población o en una parte de ella.

La mayoría de encuestados perciben que el hecho de comer hongos posee una peculiaridad especial, de la cual ya hemos hablado antes, que no tienen la mayoría de los otros alimentos. Este hecho nos ilumina la nueva dimensión de la ingestión: una carga simbólica, aunque inconsciente; una comida ritual y sustitutiva.

"AMANITA MUSCARIA": NOMBRES POPULARES Y USOS TRADICIONALES

El objetivo último y finalidad de nuestra investigación es concretar y verificar, en torno al consumo de *Amanita muscaria*, el origen material de las tradiciones que nos hablan de duendes, enanos, gnomos y todo el mundo fantástico y emotivo que los envuelve. La metodología empleada es circular y la revolución presente pasa por analizar los diferentes nombres vulgares que recibe el hongo enteógeno por toda Eurasia y por describir las conexiones que descubrimos entre las distintas denominaciones populares, todas ellas relacionadas con las tradiciones mágicas y fantásticas que rodean al hongo y lo sitúan en un lugar muy específico dentro de la cosmología general del Viejo Mundo.

Giremos ligeramente la rueda en la que se ubica el estudio y comencemos analizando los nombres vulgares de los hongos en general y clasificándolos de acuerdo a su contenido semántico.

En las lenguas de los pueblos micófilos, los nombres populares de las setas se dividen, *grosso modo*, en tres grandes grupos: a) *los hongos que reciben un nombre propio sin más contenido significante* (en todo caso, sería un estudio etimológico específico para cada nombre lo que nos llevaría hasta su sentido original), como es el caso del champiñón, mojardón, etc.; b) un segundo grupo, donde cabe la inmensa mayoría de apelativos populares, compuesto por *los nombres que dan una descripción clara y directa de alguna característica del espécimen concreto o del sitio donde crece*, como es el caso del *pinatell* (en traducción libre al castellano: "pinojoso") que crece entre pinos; *rovelló*, porque segrega un látex rojizo semejante a la herrumbre (en traducción libre al castellano: "herrumbroso"); *fredolic* o *fredeluc* (en traducción libre al castellano: "friolero") por el hecho de crecer cuando comienza a llegar el frío invernal y suele ser la última variedad que aparece en los bosques catalanes cada otoño; *peu de rata* (literalmente, "pie de rata") porque presenta una especie de dedillos arborescentes minúsculos comparables a las extremidades de estos roedores); *bec de perdiu* (literalmente, "pico de perdiz") a causa de su color, que es parecido al del pico de las perdices, etc.; c) un tercer grupo constituido por los nombres populares de hongos que hacen referencia a *la función que tiene el espécimen dentro de los usos humanos*. Los nombres que se pueden incluir en este tercer apartado son muy pocos; de entre ellos, los más importantes son el matamoscas y el hongo de yesca. El hongo de yesca (*Fomes fomentarius*) era utilizado para encender fuego: es un hongo que crece parasitando la madera de algunos árboles, de textura muy esponjosa y que una vez seco se impregnaba con una disolución de salitre y se utilizaba, tal como lo indica su nombre, como yesca. El matamoscas, oropéndola loca u oronja falsa es un caso maravillosamente diferente.

El mismo nombre popular catalán de *oriol foll* (oropéndola loca) se repite en diversas lenguas, tanto de pueblos micófilos como micófobos, y siempre aparece estrechamente relacionado con la función que se le atribuye como insecticida ("matamoscas"), con los sapos (cuya substancia tóxica, la bufotenina, es un agente psicoactivo tan potente como la muscimola elaborada por el matamoscas), o indicando estados alterados de la mente ("oropéndola loca"). Por otro lado, la silueta y los colores de este hongo enteógeno aparecen universalmente acompañados de los gnomos, los duendes o los enanitos que suelen imaginarse y representarse habitando su interior, circunstancia que tiene un peso definitivo.

Analicemos por partes, pues, las funciones atribuidas a la *Amanita muscaria*. El atributo de insecticida, de donde proviene el nombre popular de "matamoscas" y el nombre botánico de *muscaria*, es extensamente conocido en la geografía catalana y, en general, europea. La seta se desmenuza y se depositan los trozos dentro de un plato lleno de leche: las moscas acuden a la leche intoxicada y luego son incapaces de reaccionar durante horas; entonces es sencillo eliminarlas. Diversos botánicos y naturalistas de diferentes épocas han intentado verificar el experimento y curiosamente no se han puesto nunca de acuerdo: Konrad von Megenberg escribió *Das Buch der Natur*, en 1349, y certificó la utilidad insecticida del hongo; en el año 1544 aparece la obra de Valerius Cordus donde niega la utilidad de la oropéndola loca para intoxicar moscas; Charles de Lecluse editó en el año de 1601 su *Histoire des plantes curieuses*, texto en el que afirma haber comprobado personalmente el uso insecticida atribuido a la *Amanita muscaria*; en el año de 1753 aparece *Species plantarum*, de Carl von Linné -el conocido naturalista sueco que introdujo la nomenclatura binaria dentro de la botánica e hizo diversos viajes de exploración científica a Laponia-, que ratifica nuevamente la función insecticida de la seta; en el año 1798, Bulliard duda de nuevo de las propiedades del matamoscas. También Mateu Orfila Rotger, médico y químico nacido en Mahón (Islas Baleares) en el año 1787, y que murió en París en 1853, extensamente conocido por sus trabajos sobre la acción de los venenos en la economía animal, niega las propiedades atribuidas a la *Amanita muscaria* en *Leçons de médicine légale*, obra aparecida en París en el año de 1823, y sólo defiende el caráctei venenoso del hongo citando los experimentos de Gobley, que con veinticinco gramos de extracto del hongo enteógeno había matado conejillos de Indias y ratas de laboratorio. El mismo R. Gordon Wasson niega la utilidad insecticida del hongo y cree que el apelativo le viene de las manchas blancas que quedan encima del sombrerete, una vez fragmentada la volva que lo envolvía de pequeño.

Por nuestra parte, no hemos intentado verificar directamente las propiedades insecticidas del matamoscas, y por ello nos atenemos a la curiosa discusión que acabamos de esquematizar, mantenida durante siglos, y de la cual hemos citado los nombres más sobresalientes.

Una segunda aplicación del hongo enteógeno, menos conocida que la primera, es la de estimulante: como ya hemos mencionado, la usaban los pescadores clandestinos de salmón en Escocia y, según algunas tradiciones escandinavas, también los vikingos ingerían este espécimen fúngico antes de iniciar todo ataque: les aumentaba el valor, la fuerza y la osadía. Llegaban enloquecidos a los barcos o al poblado que querían asaltar y afrontaban los peligros sin temor. Como ya hemos expuesto en el capítulo "Efectos de la *Amanita muscaria*", esta es efectivamente una de las experiencias por las cuales pasa un individuo intoxicado por muscimola: sensación de una gran fuerza física y de una estimulación extraordinaria.

La tradición escandinava indica que los piratas tomaban la seta junto con ajenjo, macerados ambos. Esta planta es profundamente embriagante y ha sido empleada, entre otros colectivos, por los artistas románticos europeos del siglo XIX; se conoce actualmente en el litoral mediterráneo y en Francia con el nombre de "ajenjo" o "absenta", el mismo nombre que recibe el licor destilado que también se extrae de la planta (*Artemisia absinthium*).

Finalmente, los nombres vulgares del matamoscas relacionan universalmente éste hongo con la locura: es el camino que ahora nos interesa.

En catalán, la lengua peninsular que más apelativos populares ofrece para la *Amanita muscaria*, esta seta recibe diversas denominaciones vulgares: *reig bord* (en castellano tradicional, "oronja falsa") por la similitud morfológica que el hongo enteógeno tiene con el *ou de reig* (literalmente: "huevo de acequia", *Amanita caesarea*), uno de los hongos más apreciados en gastronomía. También se le conoce por *reig de fageda* (en castellano pseudo-vulgar, "amanita de hayal") porque los hayales los hospedan. Matamoscas, ya analizado antes; y *oriol foll* ("oropéndola loca", en castellano), apelativo popular que proviene del color rojo-anaranjado que tiene el hongo, parecido al del pájaro del mismo nombre, la oropéndola (*oriol*, en catalán; *Oriolus oriolus*), y por las propiedades enteógenas que posee y que provocan la locura aparente y pasajera de quien lo consume. Recordemos que los minúsculos seres fantásticos que los habitan, en catalán también son denominados *follets* ("locuelos") o *focs follets* (fuegos fatuos o, literalmente, "fuegos locuelos"), y no casualmente.

En este mismo sentido es muy interesante analizar los nombres populares que recibían los dioses Júpiter y Hércules en la mitología clásica: *muscario*. Aquí encontramos una clara referencia al apelativo que tenía el hongo enteógeno en latín vulgar, nombre que ha sido absorbido por la taxonomía botánica actual: *muscaria*. Júpiter, y sobre todo Hércules, (nombre latinizado del dios griego Heracles) son dos divinidades poderosas y físicamente fuertes (Hércules realizó los famosos trabajos míticos) que parecen gozar de forma permanente el efecto muscarínico durante el período de la intoxicación en que provoca una fuerza inusitada, o la sensación de tenerla. En segundo lugar, el nombre de Hércules era aplicado antiguamente en medicina a las personas que tenían ataques de esquizofrenia o de epilepsia; es decir, que sufrían alteraciones del estado ordinario de consciencia aunque fuese de una manera patológica e involuntaria (en muchas culturas tradicionales, precisamente los niños que manifiestan estas peculiaridades mentales son candidatos perfectos, "escogidos por la deidad", para ejercer el chamanismo).

Nuevamente descubrimos estrechas y múltiples relaciones entre los apelativos *muscario* y *muscaria*, y los mitos, leyendas primordiales y estados modificados de la mente, espacios del imaginario humano en donde se originan los símbolos rituales de condensación.

En lo concerniente a los nombres vulgares del hongo enteógeno en otros idiomas, descubrimos nuevas coincidencias esclarecedoras y definitivas.

En latín recibe el nombre de *Amanita* por el género al que pertenece y *muscaria*, "de las moscas". En francés se denomina *tue-mouche*, literalmente "matamosca" y *fausse orange*, "naranja falsa". En inglés es conocido como *fly-agaric*, nombre compuesto de *fly*, "mosca" y *agaric*, antiguo género de hongos, hoy casi eliminados de la taxonomía micológica. En alemán existe el término *Fliegenschwamm* para denominarlo, palabra que se descompone en *Fliegen*, *-netz*, "matamoscas" y *Schwamm*, "hongo".

En lengua rusa se denomina *mukhomor*, término que se forma con el prefijo *mukho*, literalmente "mosca", y *-mor*, derivado que proviene de la palabra correspondiente a "muerte". En el diccionario etimológico Shanki de lengua rusa, se indica que de estos hongos venenosos se hacía un brebaje que servía para matar moscas.

Como ya he expuesto más arriba, las diversas lenguas siberianas usan la misma raíz lingüística para denominar al matamoscas, al estado de embriaguez, al hongo usado por el chamán y al timbal o instrumento ceremonial de percusión utilizado en los ritos extáticos. La misma palabra *Poŋ*, raíz de la terminología siberiana, es también el nombre de la divinidad máxima entre los pueblos yukaguir del Kolyma ("supreme deity", en expresión de Jochelson). La oropéndola loca no es una representación de la deidad entre los pueblos siberianos, como sucede con el Soma de los vedas, sino que es la divinidad misma y, como tal, se le dedican plegarias. Esta máxima deidad entre los pueblos yukaguir, Poŋ, suele ir acompañada por la divinidad del cielo, Kudju, ser supremo y benévolo que tiene a su cargo la alimentación (PUECH, 1981: 432). Convendría desentrañar cuidadosamente si la divinidad del cielo, Kudju, es el responsable de los alimentos en un sentido sencillamente material o bien si su función se extiende al alimento espiritual que incluiría la ingestión de matamoscas, de Poŋ: así se entendería mejor que ambas deidades vayan juntas casi siempre.

Los suecos llaman *slugsvamp*, "hongo-mosca", al hongo enteógeno. Trasladándonos a la zona del Aude, encontramos que el matamoscas es conocido en lengua occitana por *mijuolo folho*, "hongo de los locos".

Entre los términos usados para denominar a la *Amanita muscaria* en otras lenguas descubrimos una nueva y reveladora asociación: los daneses y los noruegos hablan del "sombrero de rana"; en la baja Alemania, en la zona bávara, lo llamaban "excremento de sapo"; entre los anglosajones, además del ya mencionado *fly-agaric*, también tiene el nombre de *toadstool*, que se traduce por "sapo", nombre que, según R. Gordon Wasson, se extendió primitivamente a todo tipo de hongos. En bretón antiguo era llamado "sombrero de rana"; los frisones conocían a la oropéndola loca por el nombre vulgar de "escondrijo del sapo". En lengua vasca hallamos dos apelativos: el actual *kuloto falsoa* y el antiguo, ya casi perdido, que era *amoroto*, "sapo". En francés, especialmente en la zona septentrional del país, recibía el nombre de *crapaud*, "rana". Entre los hindúes, el matamoscas se llama "asiento de sapo". También en Galicia es conocido por "pan de sapo".

El sapo es un animal visceralmente temido y rechazado por la población de Eurasia, incomparablemente más que la rana o cualquier otro de los anfibios y batracios más comunes. El sapo comparte con los hongos la misma peculiaridad de ser tabú entre los pueblos micófobos: son entidades prohibidas, causantes de un asco profundo e irracional, consideradas mortales, repugnantes en esencia, exactamente igual que los seres que son objeto de creencias totémicas tabú entre pueblos tradicionales o primitivos:

> Las especies divinizadas objeto de estas prohibiciones, constituyen sistemas separados de los de las funciones clánicas (...). Así, por ejemplo, el pulpo es asemejado a la montaña, cuyos torrentes, al precipitarse, son como los tentáculos y por la misma razón es identificado con el sol, por sus rayos; las anguilas lacustres y marinas, que son objeto de una prohibición alimentaria estricta, con su sola visión provocan, a veces, vómitos. (LÉVI-STRAUSS, 1962: 50)

La *Amanita muscaria* y el sapo comparten la característica de tratarse de seres tabú en casi todo el Viejo Mundo, prohibición cultural que llega a la más profunda visceralidad y antigüedad prehistórica, originada, en nuestro caso, por un mismo factor: la producción de substancias enteógenas que realizan ambos seres, elemento y relación clave y de capital importancia que nos permitirá nuevamente ampliar la comprensión del hecho.

La substancia enteógena que segregan los sapos, la bufotenina (derivado N-simetilado de la serotonina -importante neurotransmisor- empleado en medicina como alucinógeno, $C_{12}H_{16}N_2O$), es estructural y funcionalmente similar a la muscimola que sintetiza el matamoscas. En este sentido, el potencial embriagante de los sapos ha sido extensamente conocido y empleado en todo el mundo, como verifican los estudios etnográficos y etnolingüísticos que hemos citado y citaremos más adelante.

Revisando fuentes tradicionales, hallamos que los antiguos fineses percibían la gran afinidad entre el sapo y el hongo. En el Kalevala, la gran saga nacional de Finlandia, los héroes siempre buscan el misterioso Sampo, considerado dios enigmático y arcano de poder y sabiduría sobrenaturales. El Sampo nunca había sido satisfactoriamente explicado, como sucedía con el Soma de los vedas hindúes, hasta que un lingüista actual especialista en lenguas baltofinesas, Lyle Campbell, descubrió que, en algunos dialectos baltofineses, el término *sampo* significa al mismo tiempo sapo y hongo (FURST, 1980:278), coincidencia que se ajusta perfectamente a la prohibición histórica que recae sobre los enteógenos y los seres de los cuales se puedan extraer.

En épocas pretéritas, descubrimos la etiología del tabú que ha llegado hasta nosotros a través de centenares de generaciones humanas, de millones de individuos que, aterrorizados y sintiendo náuseas, se retiraban ante la presencia de una oropéndola loca o de un sapo: ambos seres estaban categóricamente prohibidos.

En todo el mundo descubrimos prácticas de modificación de la mente aprovechando el alcaloide que sintetiza el sapo, comparables a las que utilizan la substancia activa del matamoscas.

En la zona catalana del Lluçanés, concretamente en el pueblo de Sant Boi de Lluçanés, me han explicado en qué consistía la costumbre de castigar a los ladrones y malhechores "enarenándolos". El castigo era practicado por la gente del pueblo hasta finales del siglo pasado e inicios del presente, cuando era preciso escarmentar a alguien sin llegar a los tribunales de justicia. El enarenamiento consistía en golpear a una persona con una media llena de arena, lo que producía dolorosos golpes y no dejaba prácticamente ninguna señal externa (por idénticas razones los servicios policiales de los paises donde se practica la tortura, emplean hoy el mismo procedimiento). Si el malhechor merecía un castigo más severo, se metía un sapo entre la arena antes de golpearlo: la persona que recibía el castigo perdía el sentido y después no recordaba lo que había pasado. Obviamente, es de suponer que no era una práctica exclusiva de este pueblo.

Cuando se golpeaba el cuerpo del individuo con la media, el sapo moría aplastado sumergido en la arena y dejaba escapar toda la bufotenina, que penetraba en el cuerpo del castigado por vía epidérmica, y aún más cuando la piel estaba irritada y la irrigación sanguínea acelerada por los golpes. Esta ingestión involuntaria del tóxico era lo que hacía perder la conciencia y la memoria al malhechor.

Prácticas similares han sido descritas en diversas comunidades indígenas, básicamente de la cuenca Amazónica, aunque allí la finalidad es explícitamente extática y con un carácter positivo.

W.E. Roth, antiguo magistrado colonial y protector de los indígenas del distrito de Pomeroon, en la Guayana británica, explica detalladamente que los indios de esta zona se fregaban el veneno extraído de ciertos sapos sobre los cortes que se habían realizado, los mismos indígenas, en la piel antes de salir a cazar. Este hecho es el tema central de su mito del Primer Cazador, el cazador primordial y modélico, el cual recibía las habilidades para cazar de la Mujer Sapo, que unta, según cuenta el mito, los órganos sensoriales del Cazador. Éste pierde temporalmente la consciencia y cuando vuelve en sí, se da cuenta que sus facultades han aumentado prodigiosamente (ROTH, 1915:103-386).

Entre los indios amahuaca de las montañas peruanas encontramos un rito similar: creen que la magia para cazar abundantemente viene del poderoso veneno de los sapos. Agarran un ejemplar, le escarban el lomo enérgicamente y después frotan al animal sobre unas quemaduras que previamente se han hecho en los brazos y el pecho. Pierden la consciencia en medio de vómitos y convulsiones, y entonces tienen unas visiones extáticas que interpretan como encuentros con el espíritu de la selva, que les indica donde localizarán la caza (CARNEIRO, 1970: 331-341).

El fraile dominicano inglés Thomas Gage, de mediados del siglo XVIII, relata que los mayas *pokoman*, de Guatemala, tenían el hábito de agregar tabaco y sapos a la bebida fermentada que ingerían en sus ritos, para darles más potencia. Este hecho explica que el arqueólogo Michael D. Coe hallara una inmensa cantidad de esqueletos de *Buffo marinus* (sapo) en una zona ceremonial olmeca cerca de San Lorenzo de Veracruz, fechada entre los años 1250 y 900 a.C.

Figs. 13 (página de la derecha) y **14**. *Desde hace tiempo los arqueólogos descubrieron en el área maya de Guatemala, al sur de México y del Salvador unas curiosas figuras de piedra con una forma fúngica en el remate. Las dimensiones varían, pero normalmente tienen una altura de treinta centímetros. La mayoría data de los años 1000 a 500 a.C. Es interesante resaltar que muchas de las figuras de animales que aparecen en la base están vinculados a la mitología y al chamanismo: el jaguar, la liebre, el mico, el pájaro y el coatí; las figuras humanas que se han encontrado en la base parecen representadas en estado de éxtasis.*
(La figura 13 fue extraída de Schultes y Hofmann (1982: 148) *y la 14 fue dibujada por Neus Dalmau).*

También las brujas europeas de entre los siglos XIII y XVII hacían un conocido uso de los sapos en sus ungüentos mágicos y embriagantes. Bárbara Napier, inglesa acusada de ser bruja y declarada como tal, que fue sometida a tormento y condenada el 8 de mayo de 1591, reveló que ella y los demás debían colgar un sapo sobre el fuego y recoger la destilación que emanaba. Entonces rociaban a la persona que habían de encantar o dejaban que le goteara encima. También podían dejar la destilación en algún lugar por donde la víctima solía pasar (MURRAY, 1978:108-109). En alguna ocasión, habían llegado a matar a alguien por el mismo procedimiento intensificado.

También en Cataluña encontramos diversas declaraciones de brujas que usaban la bufotenina de los sapos con finalidades rituales y extáticas. En la ciudad de Manlleu, por ejemplo, recogemos:

> La ingresante (al conventículo de las brujas) lo juró todo. Entonces aquella le mandó desnudarse entera, y trayendo una botellita que contenía saliva de la que hechan por la boca los diablos familiares cuando se convierten en sapos y se les pisa, untó a la nueva sectaria. (TORRENT, 1902: 35)

La saliva a la que se refiere es, naturalmente, el veneno que proyectan los batracios al sentirse excesivamente acosados, veneno portador del alcaloide bufotenina.

Además de estos ejemplos expuestos, se podría hacer una larga lista de otros y de las representaciones de *Buffo marinus* encontradas en las excavaciones arqueológicas de América central y de América del sur, figuras y terracotas que fueron diseñadas por el artista prehistórico con las glándulas carótidas del animal exageradamente grandes, precisamente porque es ahí donde los sapos elaboran y almacenan el veneno enteógeno, cosa que demuestra que los ceramistas pre-colombinos conocían perfectamente el poder y el uso de la bufotenina.

Fig. 15 *Los sapos eran representado con las glándulas carótidas hiperdesarrolladas (en la ilustración están señaladas con flechas) porque es donde la bufotenina se produce y almacena.* Terracotta *fechada entre los años 800 y 500 a.C., sin localización, de la colección particular del autor. Ilustración de Neus Dalmau.*

También en esta zona americana se han localizado terracotas prehistóricas que reúnen en una misma figura al sapo y al hongo: así plasman en una íntima relación material, simbólica, ritual y mágica los agentes usados para inducirse estados modificados de la mente y la divinidad. Se trata del mismo triángulo que puede representar las relaciones que constantemente vamos describiendo entorno a los hongos y de la *Amanita muscaria* en concreto:

Agente enteógeno

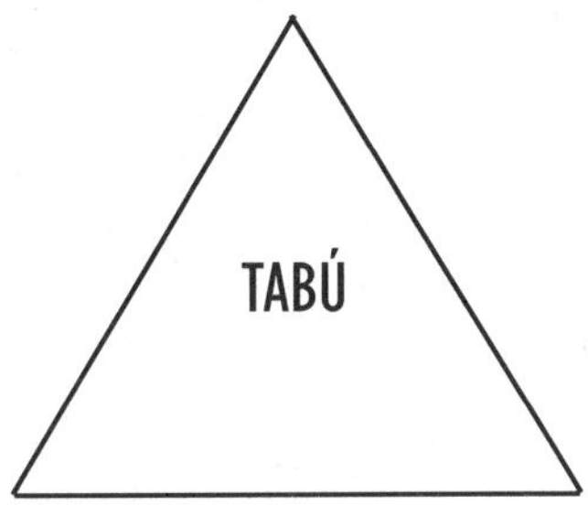

Estado modificado de la mente que permite el contacto con la divinidad y su mundo.

Símbolos rituales de condensación, a veces estructurados en mitos, mundos fantásticos, etc., pero siempre aceleradores de emotividad.

Hasta este punto nos hemos esforzado por aclarar, aunque sea esquemáticamente, la relación existente entre el matamoscas y los sapos, a un nivel de realidad simbólica y material. También hemos visto a la oropéndola loca y a los sapos como origen de un tabú riguroso y visceral entorno a ambos, prohibición que impide, en Eurasia, cualquier relación normal con estos seres. Finalmente, creemos haber establecido de manera muy general, y no obstante, satisfactoria, un camino para revisar la relación que hay entre los mundos míticos (conjunto organizado de símbolos de condensación) y los estados modificados de la consciencia producidos por agentes enteógenos, como “campo” donde nacen y se desarrollan los símbolos profundos.

Fig. 16 *Dibujo de Apel.les Mestres (1907:42) donde los gnomos y los sapos se relacionan (aquí transformados en ranas cantoras que, pese a todo, están fuera del agua). Al fondo, los hongos como imagen imprescindible. Apel.les Mestres no conocía la conexión bioquímica que une al* Buffo marinus *(sapo) y al matamoscas, pero la tradición oral e iconográfica le indicaba una relación íntima entre ambos seres que también aparece ilustrada en otros dibujos y grabados suyos.*

ADDENDA AL CAPÍTULO

En forma de minúsculo addenda al presente capítulo, incluyo un fragmento extraído de Robert Graves en el cual el erudito mitólogo y prominente novelista realiza una interpretación del rito cristiano del viático, basada en la exégesis griega del rito original. El fragmento de Graves es sugerente y penetrante, como toda la obra de este autor:

"¿De que religión, hemos de preguntarnos, tomó San Pablo este rito, ya que no está en los Evangelios y es una infracción de la ley hebrea contra el hecho de beber sangre? Una pregunta nos lleva a otra: ¿en cuál culto precristiano pronunció oráculos algún dios mientras su carne era ingerida simbólicamente -como hoy lo creen los mazatecas de Tlaloc-Cristo? Sabemos que Tlaloc era el espíritu del hongo engendrado por el rayo. Nos hacemos más preguntas. ¿Qué dios europeo reclama este nacimiento, o tuvo vínculos místicos con la serpiente y el sapo, o poseía un refugio marino, o asistió a los misterios en donde eran testimoniadas unas visiones inefables? La única deidad europea que se asemejaba a Tlaloc en este aspecto era Dionisio. Sémele, diosa de la Tierra, fue fecundada por un rayo y parió a Dionisio, que nació coronado de serpientes y pasó por una variedad de transformaciones: fue desgarrado y comido por los titanes y después resucitado por su abuela, la diosa Rea, creadora del mundo (...). El significado de la palabra griega μυσζήριον ("misterios") cae en la duda; y ya que los misterios eran un festival del otoño complementario al ανζησζις de la primavera, y ya que eso significa "la flor que nace", entonces μυσζήριον podría perfectamente ser μύχηςζη–, es decir, "el hongo que nace". (...) La observación de Plinio, que un silencio pavoroso cae sobre la gente en presencia de un sapo, sugiere que Dionisio, igual que Tlaloc, tenía una epifanía de sapo.

(...) Algunos de los pasteles eleusinios (que eran comidos en los ritos el templo de Dionisio) tenían formas fálicas; por cierto, *hongo* también quería decir "falo" en griego; otros pasteles tenían forma de pequeño puerco (un término muy frecuente para designar a los hongos); e incluso otros tenían formas de sapos o de serpiente. Un nombre común para el sapo en el folklore europeo es del de "cojo" a causa de sus pies de deformes; Dionisio significa "dios cojo". Un héroe griego que, según el mito, resistió a Dionisio pero que pronto se arrepintió fue Perseo, rey de Argos y fundador de Micena. Dionisio castigó la obstinación de Perseo con una epidemia de locura entre las mujeres de la ciudad de Argos, las cuales comenzaron a comerse a sus hijos, como también sucedió en Tebas cuando Penteo se resistió al culto. Perseo dedicó un templo a Dionisio en Micena. Argos tenía un sapo como emblema y se dice que Perseo dio el nombre a Micena por un hongo encontrado en el lugar de donde provenía una fuente de agua.[17]

El hecho de comerse a los niños, una práctica no asociada con ninguno otro culto que no sea el de Dionisio, también figura entre los ritos aztecas de Tlaloc para atraer la lluvia. El nombre de este Dios significa "pulpa de la tierra" (hongo) y vivía en Tlalocant, un paraíso

17. El nombre de la ciudad nombrada por Robert Graves, Micena, parece tomada prestada del modo *mykés*, que quiere decir "mucosidad" y "hongo" a la vez. El sentido y la etiología del mito explicado por R. Graves quedan así claros.

montañoso, en compañía de ciertas diosas del grano y de su dulce hermana-mujer Chalchiuthlicue, patrona de los arroyos y de la vida familiar. (...) Pese a que ni los sapos ni los hongos intoxicantes se citan en la Biblia, el cuento fantástico de las trescientas zorras de Sansón, a las que amarró en parejas con antorchas encendidas en las colas y después soltó en los campos de trigo de los filisteos, sugiere una intoxicación con hongos venenosos, "pequeñas zorras", que es el nombre común de las setas comestibles *chantarelle*; "las pequeñas zorras con fuego en la cola" podrían muy bien significar el *fly-cap* palestino de color de zorra. Que Sansón haya utilizado *fly-caps* para intoxicar a un bando guerrero de trescientos hombres y les haya enviado a quemar el trigo del enemigo es una buena estrategia militar; se dice que un regimiento sueco usó la misma droga potente durante las guerras napoleónicas. Una referencia al poder erótico de estos hongos aparece en el *Cántico de Salomón*". (GRAVES, 1980:105-111)

MITOS, SÍMBOLOS Y TRADICIONES SOBRE LA "AMANITA MUSCARIA"

En la zona nororiental siberiana del Viejo Mundo se aprecia al matamoscas por sí mismo, directamente: las tradiciones y leyendas nos hablan del hongo y de los efectos enteógenos que produce con una ligera deformación formal fantástico-mítica, que no impide establecer con claridad los vínculos entre los mitos y su origen material en los efectos psicoactivos de la seta. En la zona occidental de Eurasia, en cambio -Cataluña y País Vasco incluidos- el uso del hongo, el método más adecuado para prepararlo y consumirlo y el conocimiento directo de los efectos extáticos que provoca permanecieron, ya desde épocas pre-helénicas, en manos de minorías dominantes, o bien se mantuvieron como tradición subterránea entre grupos culturales marginales, habitantes de las montañas donde crecen estos especímenes (carboneros, leñadores, pastores, hombres de bosque). Estos grupos de individuos consumidores de la seta, han transmitido al resto de la población, durante dieciocho o veinte siglos, las visiones ya estructuradas en forma símbolos, personajes e historias que, si bien no hablaban nunca directamente del hongo (exactamente como sucede hoy entre los consumidores de drogas psicoactivas), conservan las peculiaridades inconfundibles que nos conducirán hasta la *Amanita muscaria.*

Entre las realidades más extendidas universalmente encontramos las prácticas para modificar el estado ordinario de la mente. Cada pueblo, cada cultura, cada sociedad, incluso cada subgrupo social, es poseedor de algunos métodos que ha descubierto o ha asimilado, por medio de los cuales se alcanzan estados mentales placenteros y/o trascendentes, que permiten una amplia mirada por el interior de uno mismo, y que disuelven las contradicciones y tensiones que han sido provocadas por la consciencia dualista ordinaria; además de ello, el consumo social de enteógenos induce un estado de intersubjetividad colectiva que favorece la creación de un sentimiento profundo y constante de pertenecer a la misma comunidad o etnia.

En algunos pueblos se practica el yoga; en el sur de Turquía, las danzas extáticas de los derviches sufís; en muchos otros sitios -en la mayoría de culturas- conocen y consumen, siguiendo una variedad inacabable de ritos, una o diversas substancias enteógenas o simplemente embriagadoras; en territorios norteamericanos se practican ritos que dejan físicamente exhaustos a los oficiantes para abrirles las puertas del mundo interior. El ayuno prolongado, el sufrimiento provocado (automutilaciones, flagelamientos, desgarraduras musculares, etc.), la meditación trascendental, la inmersión en estanques de agua congelada, las actividades rítmicas y circulares de larga duración (una marcha militar o el rezo de un rosario), los múltiples sistemas de autohipnosis, la exposición a los elementos o los insomnios provocados, todos ellos son algunos de los procedimientos registrados y más extendidos a lo largo del mundo y de la historia de la humanidad para modificar el estado la mente ordinario, o sea dirigido básicamente hacia la realidad física exterior.

Estos métodos y estas vías para realizar excursiones psíquicas, casi nunca son descritos con palabras que se refieren a ellos directamente fuera del círculo de iniciados, incluso a menudo permanecen encerrados con llave bajo el dominio insondable de los practicantes, que conocen y mantienen en secreto los mejores procedimientos o recetas para alterar la mente atenuando al máximo el "ruido fisiológico" (dolor, convulsiones, vómitos, etc.) y maximizando las posibilidades directamente enteógenas. Los términos y expresiones para referirse a ello suelen ser metafóricos o metonímicos, y se van haciendo más complejos cuanta más gente participa de un proceso concreto, porque las finalidades, filtraciones y peligros también aumentan, pese a que tal vez sea más sencillo entrar a los conventículos.

Las culturas, entonces, plasman en argumentos legendarios, mitos y conjuntos iconográficos antropomorfizados las visiones y las experiencias vividas, así como el camino para llegar a ellas, derivando la mirada más hacia una búsqueda estética y formal que no de contenido (un buen ejemplo de ello, e históricamente reciente, fue el cosmos estético que se originó alrededor del consumo de LSD 25, extendido por toda la generación hippie; cuando se generalizó el mensaje sobre los efectos que produce, a pesar de que muchas personas nunca habían llegado a consumir la famosa dietilamina de ácido lisérgico, realmente actuaban y creaban arte o modas influidas por los patrones estéticos generados por ello).

Uno de los caminos más fecundos de la antropología cognitiva es justamente el análisis de sistemas simbólicos y de las subyacentes estructuras mentales que los organizan, pero son pocos los especialistas que se han esforzado en verificar la etiología material que puede ocultar cada mito y los mecanismos que, dentro de la cosmología de cada pueblo, han llevado a convertir un hecho concreto en mito o símbolo de condensación, en fórmula o ritualización. No hay que perder nunca de vista que detrás de cada símbolo profundo hay una historia concreta y una realidad compleja que lo ha forjado lentamente (realidad psíquica o simbólica y material), y que para comprender el contenido completo de una formación o sistema simbólico hemos de conocer la realidad que engloba. Por ejemplo, el lenguaje actual que hace referencia a los estados modificados de la consciencia es muy limitado (sea en la vertiente clínica, sea en la vulgar), pero en la cosmología de las mal llamadas *brujas* abrazaba y detallaba muchos fenómenos y era considerablemente extenso. La modernidad enmarca con el término bruja lo que en los obscuros siglos de la Edad Media, y ya desde el Imperio Romano, se dividía en *masca*, *fara*, *maléfica*, *sortilegia*, *lammia*, *pythonissa*, *stria*, *incantatrix*, *herbaria*, *fascineria* y *arlia*. Cada una de estas palabras tiene un origen etimológico propio y una aventura semántica independiente, pero la Inquisición y la Justicia regular, con la real ignorancia que tenían de los diversos fenómenos culturales y populares que eran incapaces de discernir, acusaron a cualquier actividad desconocida, o que no entraba dentro del esquema de valores cosmológicos que podían o les interesaba entender, de "brujería": así fueron condenados bajo una misma acusación muchos símbolos que indicaban muy diversas realidades.

En este capítulo desentrañaremos el camino que siguieron los duendes, los gnomos y los enanos desde los efectos enteógenos del matamoscas hasta las diversas tradiciones que los envuelven. Así veremos, pese a la diversidad de apelativos, que tienen unas peculiaridades idénticas que los relacionan con el hongo enteógeno y cómo, partiendo del análisis de estos seres fantásticos, se llega a unas conclusiones coherentes.

Para comenzar, hay una enorme diferencia de contenido entre la calidad y características propias de los duendes y el *Pater* o la *Mater* míticos y arquetípicos, que impiden confundirlos (posibilidad apuntada por algún autor). Los *Pater/Mater* primigenios son las imágenes psíquicas que aparecen una vez postergados los padres biológicos y materiales, y que vienen a aligerar las tensiones y las angustias que los interrogantes finalistas comportan a la mayoría de individuos (¿a dónde vamos? ¿por qué estamos en la Tierra? ¿qué hay después de la muerte corporal? ¿qué sentido tiene lo que hacemos con grandes esfuerzos? ¿para qué luchamos?). Los seres primordiales nos responden a estas cuestiones fundamentales y podemos esperar que toda la vida, con los pequeños y grandes accidentes que pasan, esté orientada hacia ellos y por ellos. El *Pater* castiga a los hombres o los premia según la finalidad planteada a nivel cosmológico, mientras que los duendes nunca actúan así. Castigan o premian pero siempre en un nivel, diríamos de casi igualdad, como un hermano que tiene más poder y actúa según su idiosincrasia. Los *Pater/Mater* primordiales son trascendentes e intemporales, el trato con ellos es terriblemente pesado y serio; con los duendes no.

Se ha tratado mucho y desde diversas disciplinas de pensamiento la cuestión de la imagen y función del *Pater* original; por esta razón no trataré aquí de profundizar más: es suficiente para nuestro objetivo clarificar el campo de los duendes.

Por otro lado, los duendes tampoco comparten el desenfreno fantástico de algunas configuraciones folklóricas, sino que se ciñen constantemente a un mismo comportamiento y a unos mismos valores, sea donde sea del Viejo Mundo. La única cosa que varía es el nombre: ni tan sólo la representación plástica, producto uniforme de los fosfenos causados por el consumo de *Amanita muscaria*.

Tomemos, por ejemplo y simplemente para poder comparar, la leyenda de la Hierba de Oro como modelo de narración fantástica sin vínculo con alguna realidad fuera de la puramente imaginativa. Esta leyenda puede absorber una capacidad de fantasear que los gnomos no tienen: la hierba de oro se distingue porque, si es lanzada al agua, el río no se la lleva; al contrario, remonta las aguas contracorriente. Tiene la propiedad de volver invisible a quien la posea y también le permite ver todas las cosas como si fuesen transparentes. Esta virtud le facilita descubrir tesoros ocultos, saber por dónde pasan las corrientes y las fuentes subterráneas de agua, ver el interior de las personas y saber qué órgano tienen enfermo. Así mismo, proporciona una fuerza de gigante que permite cargar pesos inmensos, trabajar enormemente sin cansarse o bien caminar veinte veces más deprisa que el hombre de paso más largo y con una rapidez vertiginosa y sorprendente. La hierba de oro también hace que el cuerpo sea fuerte como la roca e invulnerable contra toda suerte de ataques, incluso las herramientas para cortar resbalan por encima de la carne como si fuera de vidrio y las balas rebotan como si se tratara de una plancha de hierro; da poder para curar toda clase de enfermedades y males, y para penetrar todo tipo de pensamientos; aumenta más de cien veces el saber y el entendimiento, y facilita la comprensión del lenguaje de los animales.

Esta leyenda popular, que sólo uso como ilustración, puede hincharse a voluntad según la imaginación de cada relator, sin que por ello pierda la estructura básica ni el sentido. Contrariamente, los gnomos observan unas pautas de comportamiento y de valores muy marcados, fijos y reconocibles que impiden ser alteradas en su forma tradicional, características éstas que son mantenidas en el tiempo y en el espacio, y que los alejan de ser un simple producto de la fantasía momentánea, sin fundamento *real* (¡difícil concepto el de realidad!). La única gran diferencia que, de entrada, parece haber entre los duendes meridionales mediterráneos y los septentrionales europeos, es que, en referencia a estos últimos, la tradición nos habla de dos categorías: buenos y maléficos. En Suecia se cree que en realidad se trata de dos razas distintas, los malos reciben el nombre de *dvärg* y se representan muy velludos, con cola y un aspecto físico terrible, siempre cavilando para dañar a los demás; en tanto que los gnomos benéficos, conocidos por *tomtebisse* o *nisse*, disfrutan de unas peculiaridades de carácter idénticas a las que conocemos en el resto del Viejo Mundo.

La diferencia es simplemente formal: todos los duendes de las tradiciones mediterráneas pertenecen a la misma hipotética raza, a pesar de que puedan mostrarse benéficos o maléficos, y cuando se muestran en esta segunda actitud frente a un humano son temiblemente fieros, como veremos al desmenuzar estas tradiciones. De forma paralela con esto, los enteógenos pueden manifestarse de dos maneras opuestas: o provocando un profundo estado de bienaventuranza y de enorme apertura de la mente a las realidades holísticas e infinitas, o bien convirtiéndose, como conocen bien todos aquellos que consumen enteógenos o embriagantes profundos, en un horroroso infierno de unas horas de duración. Desde Siberia hasta México los chamanes, los brujos y los curanderos están de acuerdo en que los enteógenos sólo han de ingerirse en *estado de gracia*; es decir, sintiéndose en perfecta armonía con uno mismo y con el entorno, es entonces cuando inducen o crean un fuerte y no erótico sentido de compadrazgo espiritual. Sin embargo, si no se está en paz con uno mismo y con el mundo, las visiones y/o vivencias con que el sujeto se halla durante la excursión psíquica pueden ser tan terribles que a menudo se preferiría no haber nacido. La división aparente entre gnomos meridionales y septentrionales es, pues, más de forma que de fondo, producto del proceso seguido durante la plasmación iconográfica, no en el origen.

Por otro lado, hay diversas coincidencias entorno a los duendes que los relacionan inequívocamente con el matamoscas: coincidencia geográfica constante entre los lugares donde crecen bosques de abedules y/o pinos negros (los anfitiriones del hongo enteógeno), que son también los territorios donde descubrimos las tradiciones más intensas de duendes;

coincidencia en el hecho de que los duendes tan sólo podían ser descubiertos por los recogedores de yerbas y gentes de bosque, los individuos más alejados de la sociedad que siempre habitaban en las montañas solitarias; coincidencia en el hecho de que la gente admitía que sólo estos individuos eran capaces de conocer el espécimen de seta donde se alojaban los gnomos (naturalmente porque eran ellos los principales consumidores); coincidencias en los nombres mismos que popularmente han recibido; coincidencias en el hecho que ahí donde encontramos tradiciones de gnomos, se creía que éstos habitaban concretamente en el interior de las falsas oronjas o matamoscas, etc.

Antes de analizar las manifestaciones tradicionales que nos hablan de los duendes en la cultura catalana, hagamos un repaso de los efectos enteógenos que posee el matamoscas, ya expuestos ampliamente (cf. el capítulo "Efectos de la *Amanita muscaria*"). Sólo la comprensión de las visiones y de los estados producidos por la intoxicación muscarínica nos permitirá establecer los vínculos entre ambas realidades: una, bioquímica; y la otra, simbólica o cultural.

Durante la alteración de la mente producida por la intoxicación de oropéndola loca se pueden vivenciar diversos estados, que dividimos arbitrariamente en tres fases; raramente se producen las tres de una manera tan diferenciada como aquí las exponemos y, a menudo y según el individuo, tan sólo pueden diferenciarse dos, incluso una única tipología de modificación psíquica. Pese a todo, siempre es difícil hablar de lo inefable que nos muestra la mente y por ello mantendremos unos ciertos modelos, pero sólo para hacerlo más comprensible.

Al cabo de veinte o veinticinco minutos de haber ingerido los trozos de gusto acre de *Amanita muscaria*, comienzan las primeras sensaciones de euforia, fuerza física y locuacidad. El individuo intoxicado siente una gran capacidad física, muy por encima de lo ordinario. Le vienen ganas de moverse, de jugar alocadamente y de saltar. Entre treinta y sesenta minutos más tarde, comienzan las alteraciones espaciales y las visiones. El entorno se llena de pequeñas chispas luminosas, en apariencia independientes del sujeto, que se mueven activamente con un gran tráfico y agitación. Se escuchan voces que parecen provenir de las lucecillas, con voluntad propia: son el espíritu del hongo, según los nativos siberianos, y los duendes o gnomos, según las tradiciones más meridionales.

El individuo intoxicado comienza a ser presa de una somnolencia profunda, al mismo tiempo que los objetos de su entorno parecen aumentar desmesuradamente de volumen. Se tienen problemas cinéticos tanto por la somnolencia creciente como porque cualquier objeto se ha transformado en una herramienta de gigantes. Durante esta fase de la intoxicación muscarínica, lo que llama más la atención es la cantidad de seres minúsculos, casi etéreos y luminosos, que andan por ahí dando órdenes determinantes. Parecen conocer todos los secretos del mundo. Con todo, siempre he tenido la impresión de que finalmente cualquier acto de los corpúsculos dependía de mi voluntad. En ciertos momentos, empero, también los he obedecido ciegamente, arrastrado por el efecto del enteógeno.

La somnolencia aumenta de forma incontrolable y, si bien hasta ahora no se ha perdido la consciencia plenamente, cuando el sueño domina al individuo intoxicado, éste se adormece. Es entonces cuando mentalmente inicia viajes a lugares extremadamente luminosos (la luz de la divinidad) y de una visión tremendamente clara, donde conoce a otras personas que le hablan de otros mundos, de los espíritus de los muertos, del pasado y el futuro o de lo que se les pida. El sentimiento dominante es de una paz y de un bienestar absolutos, de trascendencia y, sobre todo, de una claridad inigualada antes: cualquier cosa, objeto, ser, camino, edificio que el sujeto encuentra o cualquier sentimiento inefable que vive permanecen *in mente* sin ningún tipo de esfuerzo. El alma se separa del cuerpo y vuela sobre el mundo libremente, sin las cargas materiales, en un estado creativo de pura poesía y se conocen las cosas "directamente", se aprehenden, sin los problemas de los engañosos sentidos corporales, los cuales, por otro lado, tampoco desaparecen, sino que aumentan inverosímilmente su capacidad perceptiva. La realidad se vive conjunta y globalmente, en lugar de analizarla desde fuera y por partes. Y, en cambio, no puede decirse que no sea una visión "objetiva". Los hechos, los objetos, las personas se ven como tales, aunque, además, parecen corporificarse las relaciones y los valores afectivos, emocionales y trascendentes que también contienen y que durante la aprehensión ordinaria de la realidad no se tienen en cuenta. Esta última fase puede durar de seis a quince horas y es el efecto propiamente enteógeno (los siberianos llegaban a mantener la intoxicación en este estado durante varios días seguidos a base de ingerir regularmente el hongo, los orines propios o los de otro sujeto intoxicado).

Fig. 17 *Ilustración de Apel.les Mestres (1907:27).*

LAS TRADICIONES

Entramos en el momento definitivo de dar el salto analítico desde el hongo enteógeno hasta los símbolos y otros aspectos culturales que ha engendrado su consumo. Lo que nos ha llegado hasta la actualidad son las tradiciones, la símbología y las leyendas sobre duendes, por un lado, y sobre el consumo prohibido del matamoscas, falsa oronja, oropéndola loca o *Amanita muscaria,* por otro. Si las vías de interrelación entre el mundo simbólico y el hongo enteógeno son correctas, precisas y claras, habremos conseguido el objetivo del presente estudio: revelar el origen del mundo fantástico y familiar de los gnomos.

Comencemos esta etapa del recorrido descifrando cada uno de los apelativos que reciben estos seres misteriosos en el mundo tradicional catalán. En castellano o gallego, por tratarse de lenguas de pueblos micófobos, no hay apelativos populares y tradicionales para referirse a los hongos, por ello, como ya se ha indicado en páginas anteriores, fuerzo la traducción al castellano de nombres populares provenientes del catalán.

En Cataluña, Occitania y Andorra, encontramos a los gnomos con el nombre popular de *martinets* ("enanitos", en castellano; aunque literalmente sea "mazo" o "martinete"); es muy significativo, ya que hay un pueblo en la comarca pirenaica de la Cerdanya que se llama Martinet, hasta hace relativamente poco integrado al municipio de Montellá. Este precioso pueblecito está muy cerca, por no decir en medio, de uno de los pocos bosques de abedules que localizamos en la geografía catalana. Durante el otoño, las vertientes suaves de las montañas que envuelven a Martinet se llenan de *Amanita muscaria* y de otros especímenes, entre los cuales el más fácilmente distinguible es el hongo enteógeno: rojo brillante con puntos blanquísimos, alto y orgulloso. Los vecinos del pueblo de la región cerdana tienen -y siempre lo han tenido- muy fácil el consumo. Relacionado directamente con este hecho, descubrimos que, hasta principios del siglo XX, los duendes eran vendidos por los herboristas de Martinet en los mercados de los pueblos vecinos -y no tan vecinos-, de donde probablemente surge el apelativo de *martinet* para denominar a los pequeños e inefables seres que vendían estos hombres de bosque de la Cerdanya. Si se era era capaz de amansarlos y mimarlos, los *martinets* en poco tiempo hacían rico a su propietario y cuidador. Estos yerbateros de Martinet eran considerados los mejores y la gente tenía mucha confianza en sus remedios (más adelante citaremos la tradición completa, recogida originalmente por el folclorista Joan Amades).

El término catalán *martinet* tiene una segunda acepción: en una fragua es la gran pieza móvil que se deja caer sobre el metal para forjarlo o batirlo. El *martinet*, o “martinete” en castellano, es pues justamente la pieza de hierro que hay en el extremo de un pesado mango y es la parte del mecanismo de la fragua que ha de tener más resistencia.

Una tercera acepción del término *martinet* se refiere a un mecanismo basado en un sistema de cremallera para levantar grandes pesos, cargar ballestas, etc. ¿Qué tienen en común estas dos últimas acepciones? La resistencia y la fuerza incansable de trabajo que han de disfrutar los mecanismos citados, y ésta es precisamente una de las peculiaridades del carácter de estos seres míticos llamados *martinets* en catalán: son extremadamente activos, trabajadores y, según las tradiciones, capaces de realizar tareas tan imposibles como cambiar una montaña de emplazamiento, desviar un río, construir una casa o segar un campo en un abrir y cerrar de ojos.

Un segundo apelativo de estos seres, más extendido en Eurasia, es el de *gnomos*. Este término es una evolución de la palabra griega *gnomon*, “sabio”. De la misma raíz griega han surgido los conceptos gnóstico, gnosis, cognitivo, etc., términos, todos ellos, que hacen referencia al conocimiento. No hemos podido localizar ningún estudio etimológico sobre el origen más antiguo del término griego *gnomon*, ni sobre el período histórico o prehelénico en que aparece referido a estos seres diminutos, quién lo usa, etc. No obstante, de la literalidad de la evolución etimológica se deduce que no ha sido nunca una palabra excesivamente empleada por el pueblo, y por tanto no ha sufrido una gran deformación: en griego helénico era *gnomon*, y en las hablas actuales gnomo, *gnome*, *gnom*, etc. El significado clásico del término, “sabio”, es muy coherente con la finalidad de nuestro análisis. Los gnomos, chispas o lucecitas, se muestran en las tradiciones como seres dotados de una profunda sapiencia, dan órdenes definitivas y determinantes de las cuales, cuando se está bajo el efecto del enteógeno, parece depender la vida misma, conocen los caminos para realizar los trabajos más pesados y fatigosos con una ligereza insospechada y pronto vuelven a estar dispuestos para divertirse o para emprender una nueva tarea.

El tercer término tradicional catalán con el que se denominan los duendes es el diminutivo cariñoso *follet* (“loquito”), que es el apelativo más cercano a los efectos psicoactivos de la seta, o *focs follets*, traducido literalmente “fuegos locuelos” y más conocidos en castellano como “fuegos fatuos”. La descripción que, por ejemplo, nos hace de ellos Michael Ende, siguiendo las indicaciones que le han llegado automáticamente a través de la tradición, es prácticamente exacta, con la excepción, si se quiere, de algunos detalles más literarios. M. Ende habla de un resplandor suave que cruza el bosque en zig-zag (ENDE, 1982:81). Se queda tembloroso aquí o allí, levanta el vuelo, se posa en una rama o decide continuar. Es una esfera luminosa, de la medida de una pelota pequeña que da grandes saltos, rebota de vez en cuando en el suelo y vuelve a flotar en el aire. M. Ende explica que en el interior de este esférico resplandor se puede ver una pequeña figura muy vivaracha que salta y corre a más no poder. No se trata de un hombrecito ni de una mujercita porque estas diferencias no existen entre los fuegos fatuos. Según el citado novelista, no hay ningún peligro de que, en sus grandes saltos aéreos en la oscuridad, los *follets* se hieran con el tronco de algún árbol porque son increíblemente ágiles y ligeros, y pueden cambiar tranquilamente de dirección en pleno salto.

La denominación catalana *follet*, "loquito" o "locuelo", es suficientemente alusiva por sí misma: en el sentido afectuoso con que la tradición oral ha cargado este término, significa geniecillo o espíritu travieso, un tanto maléfico pero divertido, que atormenta a las personas cuando duermen, lía las colas de los caballos, pone patas arriba todo lo que encuentra a su paso, esparce el trigo de los graneros, etc. No obstante, en un trasfondo literal hay una clara indicación de los estados modificados de consciencia (*foll*, "loco") y de los medios materiales que ayudan a esta experiencia psíquica (es elemental la relación que hallamos por doquier y que siempre sitúa a estos gnomos habitando en el interior de las *Amanita muscaria*). La denominación *foc follet*, "fuego locuelo", es literalmente la mejor manera de definir o describir las chispas o lucecillas, aparentemente animadas por una vida propia, que se pueden percibir bajo el efecto de este enteógeno fúngico. Ni más ni menos.

Además de las relaciones que descubrimos en el análisis de los nombres vulgares de los genios contenidos en la oropéndola loca, fijemos la atención en el aspecto físico con que la tradición nos ha hecho llegar a estos seres mágicos. La plasmación es antropomórfica, de un hombre pequeñito, y, a pesar de que la leyenda nunca habla de genios femeninos ni de *martinitas*, de ningún modo podemos considerarlos seres asexuados: siempre aparecen ornamentados con una gorra frigia de color rojo brillante y con el resto del cuerpo de color blanco inmaculado, incluyendo la gran barba que todo gnomo suele lucir. Los matamoscas son exactamente de estos colores: el sombrerete rojo y el resto del hongo blanco, absolutamente blanco. No es extraño que más de una tradición cultural local añada que los *martinets* son el espíritu de estos hongos, cosa comprensiblemente cierta.

En todo el Viejo Mundo se pinta, dibuja, esculpe y modela diariamente gnomos o duendes que habitan en el interior de un hongo y que inconscientemente guiados por la tradición, todo el mundo, adultos y pequeños, ilumina con las mismas tonalidades cromáticas: el sombrerete rojo y el pie y las láminas blancos. Incluso, como coincidencias, son excesivas para tildarlas simplemente de casualidad. Exactamente se trata de correspondencias iconográficas que aportan una información decisiva para la comprensión del mundo simbólico constituído por los gnomos, que transmite la tradición y que tiene su origen en este hongo, el matamoscas o *Amanita muscaria*: un mundo cerrado que contiene la explicación de sí mismo, accesible a todos aquellos que se sumerjan en él lo suficiente para comprenderlo; es el mismo proceso que sucede con las culturas, los pueblos y los mitos: interpretados por un individuo foráneo, usando herramientas conceptuales ajenas a la realidad interna de la cultura dada, son ininteligibles y obscuros. En el mejor de los casos, el estudioso foráneo podrá comprender aquella parte de la realidad cultural a que pueda acceder por ser aprehensible para los instrumentos conceptuales que lleve, pero nunca abarcará el conjunto, la explicación del cual tan sólo está en sí mismo y a partir de su propia totalidad holística.

Una última acepción de los duendes, en catalán, es la de *menairons* o *minairons*, usada localmente en la comarca catalana septentrional del Pallars. Los *menairons* son los gnomos específicos que la tradición sitúa en el interior de las minas y cuevas. Se suelen representar cargados con algunas de las herramientas de los mineros (una pala, un mazo o un pico), y las referencias que hemos hallado de ellos son, excepto en este detalle, las mismas que para el resto de gnomos: traviesos, trabajadores incansables, huidizos e hiperactivos. En lugar de tener un carácter tan doméstico como los duendes, los *menairons* permanecen solos en la montaña, y según la tradición, podemos encontrarlos en sus minas y cuevas que constituyen su hogar.

Apel.les Mestres, gran dibujante, escritor y poeta modernista, que vivió a caballo de los siglos XIX y XX, hizo algunas ingeniosas referencias escritas y gráficas de los follets. En su obra literaria afirma que no existe ningún dato sobre el aspecto físico de los gnomos; sin embargo, en los diversos dibujos, carteles y grabados alusivos al tema que este artista realizó (y que no son pocos), los plasma exactamente como todos los conocemos. Tal vez no halló ninguna descripción literaria del aspecto de los duendes, pero indudablemente había asimilado la imagen que tienen, con toda probabilidad, a través de la tradición oral.

Así, Apel.les Mestres, a pesar de haber representado gráficamente docenas de duendes, dice:

> El *follet* (gnomo). Invisible, incoloro, impalpable -toda vez que ni el más pequeño detalle que nos permite reconstruir su imagen ha sido legado por la leyenda- entra por las chimeneas, por los agujeros de las cerraduras, por las rendijas de las puertas; todo lo mira y lo palpa y lo manosea. Revisa si los platos han sido lavados, si los fregaderos han sido bien escurridos, si las cocinas han sido bien barridas y ¡ay de la muchacha que se haya atrevido a meterse en la cama, dejando alguna tarea a medias o mal hecha! El *follet* es inexorable: sin ningún tipo de miramiento, la destapa y le tira de los pies y le da una paliza como sólo él sabe darlas. (Apel.les MESTRES, citado por VIOLANT, 1979:274, traducido del catalán antiguo por el autor).

Este comentario sobre el carácter de los follets describe perfectamente las aficiones domésticas y trabajadoras que tienen. A. Mestres no la localizó, y por eso no sabemos de dónde recogió la descripción, pero podemos afirmar que éstas o similares características son comunes en todos los gnomos de Eurasia. Comparemos la cita anterior, por ejemplo, con las peculiaridades de los duendes que dibuja la tradición belga: en Bélgica se explican muchísimas historias de gnomos, duendes y hombrecillos, en flamenco *kaboutermannekens*. En todos los pueblos, sobre todo en la zona occidental de Flandes, hay tradiciones concretas y muy arraigadas. Hay una que dice que en Beuone vivían muchos gnomos y que una buena parte de los campesinos debían agradecerles su suerte. Si querían mostrarse benéficos con una casa, la primera cosa que hacían era tirar lodo a las jarras de leche. Si, pese a todo, el dueño de la casa y su familia bebían la leche, los gnomos entraban en la casa y ayudaban a sus habitantes en todas las tareas domésticas. Con un criado así, el propietario de la casa estaba mucho mejor servido que teniendo seis hombres y con una sola empleada doméstica había suficiente para tener toda la casa en orden. Los caballos estaban limpios y tenían el pasto y la avena preparada en todo momento; las vacas eran ordeñadas y sólo hacía falta recoger la leche de las cubetas; los enseres de la cocina brillaban en todo momento y, se dice, en la casa podía comerse en el suelo de tan limpio que estaba. Todo ello sucedía siempre sin que nadie supiera como (GARCÍA DE DIEGO, 1954, I: 702).

Este carácter familiar y doméstico de los gnomos se repetía indefinidamente por todas partes. Incluso encontramos los mismos seres fantásticos en el mundo cultural de las brujas, pese a no haber descubierto ninguna indicación definitiva sobre el consumo de *Amanita muscaria* por parte de éstas. Las brujas europeas tenían unos ayudantes denominados "familiares domésticos" que les hacían las tareas de la casa y algún pequeño encantamiento. Tenían el aspecto de gnomos y la tradición quiere que los haya buenos y malos. Los duendes de las brujas eran traídos desde los bosques que ocupan todo el norte del continente, donde se habían refugiado de la civilización occidental, pero también los había en los parajes más deshabitados y alejados del Pirineo y de Escocia, exactamente allá donde localizamos bosques de abedules, el árbol que hospeda al matamoscas, el hongo enteógeno. La coincidencia es digna de ser tenida en cuenta.

Fig. 18 *Ilustración de Apel.les Mestres. Se recrea en el mundo conocido y familiar de los gnomos representados con los elementos a los que suelen asociarse: los hongos. (Ilustración hecha el 9 de marzo de 1894, el original se encuentra en el Archivo de Imágenes de la Casa del Arcediano en Barcelona, volúmenes XV-XIX de los "Libros verdes de dibujos, tintas y acuarelas de A. Mestres".)*

OTRAS TRADICIONES SOBRE LOS GNOMOS DE CATALUÑA Y SUS RELACIONES CON LA "AMANITA MUSCARIA"

La presente recopilación de tradiciones catalanas escritas, o recogidas oralmente a lo largo del trabajo de campo realizado para obtener material original sobre los duendes, no es una colección exhaustiva del tema; no obstante, se trata de una ilustración que creemos suficientemente completa para que nos indique el camino que une el mito con la realidad empírica subyacente.

Según Griera, en el Campo de Tarragona, el *follet* es un ser que lava los platos y limpia la casa cuando las mujeres no lo han realizado, pero posteriormente las zurra cuando éstas están en la cama (VIOLANT, 1979:274). En Poboleda (en la comarca vinícola del Priorato) el duende es un ser fantástico que remueve las ollas y demás utensilios de cocina sin llegar a romper nunca nada. En la ciudad de Manresa se considera que los gnomos son invisibles, cometen travesuras y quiebran los platos que no han sido fregados, esto, después de pegar a las mujeres y a las muchachas de la casa. Es aquí donde localizamos un pequeño salmo popular que se refiere a ello:

A toc d'oració	Llegada la hora de la oración
les minyones al racó,	las muchachas al rincón,
perquè corre el follet	porque corre el duende
i el girafaldilles	y el arrugafaldas
que dóna surres	que da zurras
a les fadrines.	a las chicas solteras.

En definitiva, siempre se considera al duende como si se tratara de un protector doméstico que nunca abandona a la familia con la cual se ha instalado, aunque ésta cambie de hogar. Antiguamente se decía que para tenerlos contentos, a los gnomos, había que dejarles dulces para comer.

Fue a partir de los años 1930, cuando la población catalana, ya profundamente influenciada por la cosmovisión industrial, comenzó a despreciar a los gnomos y su existencia, y de entonces hallamos algunos procedimientos para alejarlos de las casas: poniendo platos de ceniza o de mijo en las ventanas se decía que ya no entran en las casas. Concretamente, hemos hallado referencias directas sobre ello en las comarcas catalanas septentrionales montañosas: en los pueblecitos de Campdevànol, Pardines y Sant Julià de Vallfogona. Se dice que los duendes tienen las manos agujereadas y que, cuando quieren coger los pequeños granos de mijo, no pueden porque se les escapan por esos agujeros; entonces se ponen furiosos y no regresan a la casa.

En las obras del folclorista catalán Valeri Serra Boldú descubrimos nuevas referencias tradicionales de los gnomos. Los describe con un aspecto similar al de hombrecitos de edad avanzada, provistos de una enorme barba nívea e inmaculada, nerviosos y extremadamente activos. Es con estas peculiaridades como aparecen en muchos cuentos tradicionales como, por ejemplo, *Joanet de l'Onso* ("Juanito de Onso") o *Joan Velantàs* ("Juan el Valentorro") (SERRA BOLDÚ, 1924:209). Así mismo, también los caracteriza con una boina o gorro frigio rojo: la misma combinación cromática de la *Amanita muscaria*. Igualmente, hallamos estas mismas peculiaridades en los cuentos de la Asturias montañosa (CABAL, 1931).

Fig. 19 *Ilustración de Apel.les Mestres. Representación del Invierno: los elementos son los propios de la introspección y de las actividades mentales. Los duendes llenan el Invierno, nacidos con los hongos durante el otoño. (Ilustración hecha el 31 de mayo de 1892. El original está en el mismo archivo y los mismos volúmenes que la ilustración anterior.)*

Otro etnógrafo y folclorista catalán, Josep Mª Batista y Roca, refiere un nuevo paraje en el que tradicionalmente aparecen los gnomos con cierta asiduidad. Este autor lo sitúa en el pueblecito de Dosrius (no obstante, la misma leyenda aparece en otros lugares de la Cataluña vieja). Según Batista y Roca, el elemento maravilloso aparece en la siega en forma de mala arte que permite, a quien tiene estos poderes mágicos, acabar su trabajo con una rapidez vertiginosa. Un hombre de Dosrius, según consigna el citado autor, le explicó que el señor Senat de Can Lleuger, término municipal de Cardedeu, era brujo. Formaba grupos de segadores y subía a la montaña. Un día, ante una gran extensión de trigo por segar, dijo a sus hombres: "Traedme las hoces que hoy las voy a afilar yo mismo". Dicho y hecho: cuando se pusieron al trabajo en un abrir y cerrar de ojos estuvo acabado. La virtud mágica que otorga este poder se atribuye a un pequeño canuto lleno de diablillos que tienen forma y aspecto de pequeños mosquitos o cucarachas diminutas y luminosas, a veces metidos en el mango de las hoces. Según Batista y Roca, eran llamados *menairons* en la zona del noroeste de Cataluña, *petits* ("pequeños") en la Cerdaña, y "familiares" o "familianos" en la comarca de Urgell. Una vez se los suelta, es imprescindible darles trabajo en que ocuparse: en el mundo tradicional segar, cortar leña, guardar un rebaño de animales, construir una casa, etc. y luego, una vez acabada la tarea, hay que estar pendientes para ordenarles que regresen al canutito; en caso contrario, una vez libres y sin ocupación, destrozarían a la persona que los ha soltado, o sus cosas.

El carácter extremadamente activo de los gnomos corresponde directamente al uso de algún estimulante, y al estado de plena euforia que invade el individuo intoxicado con matamoscas antes de que le venga la somnolencia enteógena. El paralelismo es claro y simple, apoyado por el hecho de que, en todas partes donde hallamos antiguas tradiciones de gnomos, éstos disfrutan del mismo deseo de actividad física.

En la obra escrita de Joan Lluís, *El meu Pallars* (LLUÍS, 1979:79), nuevamente hallamos referencias al famoso canutillo que guarda los gnomos -en esta comarca llamados *menairons*- en su interior, a los que siempre hay que tener ocupados si uno no quiere recibir los efectos de la hiperactividad de tales seres mágicos.

La referencia más completa localizada entre las tradiciones recogidas por estudiosos del folclore catalán, es la que nos ofrece Joan Amades, referencia que incluímos por lo que tiene de ilustrativa; no obstante del, a veces, dudoso rigor de este autor. A pesar de ello, la leyenda recogida por Amades puede considerarse ejemplarizante, ya que todas las narraciones recogidas por nosotros y consultadas en otros trabajos son muy similares de contenido.

En la tradición recogida por Joan Amades es evidente la relación que existe entre los gnomos, el hecho de encontrarlos en Martinet (pueblo rodeado de abedules y, por tanto, de hongos enteógenos en el otoño), las peculiaridades de estos hombrecillos (exactamente las que descubrimos durante el efecto por intoxicación muscarínica) y el hecho de ser los mercados los lugares de transmisión oral de este universo simbólico, siguiendo una larga y muy antigua tradición.

Según Joan Amades, la gente anciana explicaba que, años atrás, en la feria de San Lluc, en Olot, vendían *martinets*, esta especie de hombrecillos tan menudos que en el canutillo para guardar las agujas de coser, por pequeño que fuera, cabían una docena e incluso sobraba tanto espacio que podían bailar. Los *martinets*, según explica la tradición reproducida por Amades, poseían dos gracias: una era la de trabajar desesperadamente acometiendo las empresas más grandes y sorprendentes. De las personas que trabajaban febrilmente, se decía que parecían un *martinet* y de los que se enriquecían rápidamente de una manera incomprensible, se creía que poseían un pequeño canuto con *martinets*. También tenían la facultad de perjudicar al dueño que no se comportaba bien con ellos y le hacían mucho mal, con la misma furia y la misma intensidad con la que trabajaban. Sólo podían protegerse de la acción furibunda de los *martinets* aquellos que poseían baba de serpiente encontrada sobre una piedra, o una hierba o cualquier otro objeto lamido por un ofidio. Los *martinets* eran como una especie de semilla menudísima -tanto que no se veía ni se podía sentir al tacto- que crecía y se hallaba bajo unos hongos extraños y difíciles de encontrar, perdidos entre la hojarasca y montones de hierba de los bosques más espesos. Estos hongos, llamados como los hombrecillos a los que abrigaban, *martinets*, sólo los conocían y sabían encontrarlos los yerbateros de la Cerdanya y de Andorra, que eran los que los llevaban a vender. Cobraban diez onzas por canuto, que contenía cerca de una docena de duendes. Según Joan Amades, los *martinets* resultaban muy difíciles de tratar porque son tenues como una lucecilla o flamita sutil: sólo con la fuerza del respirar se apagaban y se fundían, y uno se quedaba sin nada después de haberse gastado las onzas de oro (AMADES, 1980:1.127-1.128).

La tradición recogida por J. Amades es tan explícita como pueda desearse y contiene todos los elementos clave de la tradición: hongos especiales y misteriosos, zonas en la Cerdanya y Andorra con bosques de abedules donde crece el espécimen, peculiaridades tipológicas universales de los gnomos y su descripción. Además, la feria de San Lluc, día en que los yerbateros de la Cerdaña iban a vender los *martinets* al mercado de Olot, se celebra el día 18 de octubre, justo la época del año en que crecen y se recogen estos extraños vegetales. Probablemente, lo que relata el citado estudioso del folklore catalán no es una sola historia recogida, sino que, redactando la obra *Folklore de Catalunya*, reunió las diversas informaciones recibidas sobre el tema, las conjuntó en una tradición única y de ello resultó una descripción detallada de la realidad.

En el Ripollès creían que arrancar un hongo habitado por un duende comportaba la muerte del geniecillo. Este es un fenómeno claro de identificación del gnomo con el hongo: el efecto con el vehículo para conseguirlo. En una zona cercana a la anterior, concretamente en las Guilleries, aún hoy se mantiene vivo un cierto conocimiento popular de los efectos embriagantes de la *Amanita muscaria*, pese a que no se utilice con finalidades enteógenas (por lo menos en declaraciones a forasteros): Xavier Fábregas, en comunicación personal, nos informó de un campesino adulto conocido suyo, de formas muy patriarcales y mesuradas, que en una comida familiar con hongos donde se incluían oronjaso o amanita de los césares (*Amanita caesarea*) recogidas en lugares cercanos a Pruit (los mismos parajes donde crece el matamoscas y donde nosotros los hemos encontrado), probablemente ingirió por equivocación un ejemplar enteógeno creyéndolo una oronja (en ciertas condiciones ambientales ambos hongos pueden parecerse mucho). Al cabo de poco tiempo el hombre comenzó a sentir los efectos de la *Amanita muscaria* y a variar sus pautas habituales de comportamiento: se subió sobre la mesa y comenzó a recorrerla gateando, al tiempo que profería obscenidades a gritos. La familia, en lugar de llamar al médico rural ante la súbita y alocada conducta del padre, reconoció los efectos efervescentes del hongo enteógeno y se limitó a calmarlo y a esperar tranquilamente que pasasen. La calma con la que tomaron el hecho demuestra que no es desconocido ni aterrorizante para los habitantes de esta región de las Guilleries.

Una aportación de Joan Guillamet nos habla de un personaje contemporáneo, Felipe de Sors, quien poseía un canutillo tapado por los costados con un papel extraño y cuya forma era como de una pequeñísima flauta de madera. Con el canuto en el bolsillo corría mucho, de una forma sobrenatural (GUILLAMET, 1983:79)

En otra comarca septentrional de Cataluña, la Garrotxa, hay una tradición de duendes y enanitos extensa y arraigada. Se cree que, cuando los enanitos tienden la ropa, es preciso robarles alguna pieza. Quien puede hacerlo es rico para siempre. Esta creencia también se aplica generalmente a las hadas y las mujeres de agua, por lo que creemos que la creencia está tomada en préstamo de éstas y aplicada a los gnomos: es más común que sean las mujeres las que realizan la tarea de tender la ropa limpia; al margen de esto, se trata, como en el resto de las descripciones, de unos hombrecillos extremadamente pequeños, traviesos y juguetones. La popularización del mundo de los duendes en la Garrotxa, donde se han convertido actualmente en una mascota, hace que sean unas figuras entrañables para los habitantes de esta región montañosa. Probablemente ha constituído uno de los fenómenos mágicos más arraigados y que pueden tardar más tiempo en desaparecer del cosmos tradicional (PUJIULA, 1983: 73-74).

Los estados modificados de consciencia aceptados consensualmente y la vía o método para llegar a ellos, constituyen una de las bases sólidas a partir de las cuales se generan las tradiciones más perdurables y los símbolos rituales de condensación de un pueblo. Tales vías o métodos no se volatizan fácilmente de las sociedades, ni siendo transformadas en prácticas tabú, ni aun después de haberse superpuesto sobre ello otros valores culturales hegemónicos posteriores. Si observamos los procesos de cambio cultural de cualquier pueblo que haya sufrido un corte en su evolución natural, en su particularismo histórico, podremos ver cómo pronto resurgen aquellas vías y métodos perdidos para modificar la consciencia, aunque esta vez es probable que renazcan de forma aberrante por falta de alguna parte de la información necesaria -tal vez perdida en el corte histórico. Y ello tanto si se trata de conseguir los estados extáticos a través del consumo de químicas mágicas como si se trata de prácticas corporales. En este sentido, tan pronto como la situación histórica lo permite, se retoman las tradiciones perdidas y se desbrozan los caminos olvidados que conducen hacia nuestras dimensiones mágicas. La capacidad mitopoyética del ser humano es innata y permanente, y fructifica tan pronto como halla una mínima salida entre la rígida -aunque ciertamente necesaria- normativa social e individual.

Las experiencias no ordinarias de modificación de la consciencia son vitales para la humanidad porque son expresiones directas de la mente inconsciente y de la integración de las experiencias conscientes e inconscientes, clave de la vida plena, de la salud mental individual y de los lazos profundos de solidaridad que crea la intersubjetividad colectiva en un grupo étnico dado. El elemento imprescindible es tener categorizados y controlados -o conocidos- estos estados modificados de la mente humana para no caer en el temor y el terror del caos cognitivo, o la locura fugaz, uno de los auténticos demonios que aterran cualquier humano.

Volviendo a las tradiciones orales y escritas que localizamos y analizamos en Cataluña, y que nos aportan información sobre los gnomos y su etilogía material, hemos de referirnos nuevamente a la zona norteña montañosa de la Cerdanya y el Pallars. Allí apodan con el nombre de *martinet* a la persona que trabaja mucho, reproduciendo así el ya conocido fenómeno de identificación entre las personas muy activas y las chispitas o lucecitas, puros fosfenos producto de la ingestión del matamoscas.

Una leyenda recogida en el Pallars Sobirà, leyenda que se extiende hasta los valles del vecino país de Andorra, narra cómo, según la tradición bíblica popular, el Padre Adán no podía arrancar ni una sola palabra a su compañera de paraíso, Eva, quien nunca hablaba. Adán se quejó a Dios Padre del mutismo de su compañera y del aburrimiento que crecía entre ambos por este hecho. Fue entonces que Nuestro Señor le aconsejó que cogiera una planta mágica que crecía en el Paraíso y la introdujera en la boca de Eva: así le excitaría el habla y Adán podría oírle la voz. Y así lo hizo el primer hombre de la tradición bíblica, pero, cuenta la tradición local catalana, que en lugar de introducir una sola planta en la boca de Eva, Adán le puso dos. Eva reaccionó y comenzó a hablar y a moverse con tanta furia que no paró ni descansó en todo aquel día. Adán pidió hablar de nuevo con el Señor y se quejó de que ahora su compañera no callaba nunca; Dios le contestó que esta sería su penitencia por haberse excedido en la dosis del vegetal mágico.

Esta leyenda contiene diversos elementos que en su momento atrajeron mi atención. Es obvio que su finalidad más elemental es explicar el origen de la fama de parlanchinas que tienen las mujeres en Cataluña -y hasta donde yo sé, es algo genérico en casi todos los pueblos de la Tierra-, sin embargo, detrás de la caricatura aparecen otros elementos interesantes.

En primer lugar, la leyenda -aquí resumida- no cita en ningún momento el nombre o alguna característica morfológica de la planta, cuando en el folclorismo tradicional siempre, o casi, hallamos formalmente concretados todos los seres a los que se cita, de manera que sean entidades reconocibles; incluso se suele citar el nombre particular. El pensamiento tradicional es mucho más concreto que el contemporáneo, dominado por la abstracción y las informaciones complejamente codificadas, y es así que necesita determinar cada objeto y cada ser, particularizarlo. Una buena ilustración de ello la hallamos en el hecho de que la mayoría de cuestionarios recibidos de nuestros informantes para la elaboración del presente estudio (cf. el capítulo "Muestra estadística"), a la hora de precisar la cantidad de variedades de hongos que podían reconocer -uno de los ítems que se les solicitaba responder-, contestan nombrando cada uno de los distintos especímenes que conoce el informante, en lugar de dar una cifra abstracta y más fácil de anotar, y que era lo que de hecho se pedía en el impreso del cuestionario. Así pues, el solo hecho de ignorar el nombre de la planta, por sí solo no es un hecho extraordinariamente destacable, pero sí es necesario tenerlo presente al lado de otros elementos inherentes a la leyenda.

En segundo lugar, es difícil que Adán se exceda y haga comer a Eva dos matas enteras de cualquier tipo de planta, por el volumen que ello presupone, sin embargo un hongo o dos hongos ya entran más en el abanico de posibilidades.

En tercer lugar, únicamente una planta o un hongo psicoactivos poseen la capacidad desinhibidora real de que habla la leyenda. De plantas que favorezcan la locuacidad no conocemos ninguna en estas zonas montañosas del norte catalán, pero de setas sí: la *Amanita muscaria*, el espécimen psicoactivo (y es precisamente para crear lenguaje que los chamanes mazatecas ingieren hongos enteógenos; crearlo en el sentido de poesía original, de recrear el Verbo, el Logos) (MUNN, 1976:100).

¿CONSUMÍA "AMANITA MUSCARIA" ANTONI GAUDÍ?

En los últimos años he oído comentar *vox populi*, incluso he podido leer en una obra publicada, que el gran arquitecto catalán Antoni Gaudí, una de las figuras del modernismo mundial, tenía por costumbre ingerir la seta enteógena, y que la representó y plasmó extensamente en su obra arquitectónica, la cual le era inspirada, en gran parte, bajo los efectos del matamoscas.

Después de rebuscar en la arquitectura de Gaudí, con resultados casi infructuosos, representaciones más o menos evidentes del hongo, la única forma similar que descubrimos es la que hay en el tejado del edificio situado a la entrada del Parque Güell de Barcelona, a mano derecha. Esta torre tiene la forma exacta de una *Amanita muscaria* en el estado previo a abrirse el sombrerete: el tejado tiene la forma de una semi-esfera roja con algunos apliques intermitentes de cerámica blanca. Es obvio que la representación es exacta: es una construcción que reproduce a tamaño gigante el matamoscas; pero ello no constituye ninguna prueba suficiente para afirmar que la imagen de la oropéndola loca es una parte importante de la iconografía gaudiniana. Toda su obra está repleta de formas orgánicas, helicoidales, curvas complejas, etc. y la construcción de una pequeña cúpula con las características cromáticas de una *Amanita muscaria* cabía absolutamente dentro de las posibilidades estilísticas de Antoni Gaudí. Además de ello, hemos hallado cúpulas similares de color azul con las mismas incrustaciones de cerámica blanca.

Ante la imposibilidad de localizar familiares cercanos al genial arquitecto, intentamos ponernos en contacto con las personas con quien más se había relacionado, pero todas pertenecen ya al pasado. Los biógrafos gaudinianos tampoco hablan de la pretendida costumbre suya de consumir la seta enteógena, excepto el poco fiable Joan Llarch, quien dedica un capítulo entero de su fantasiosa obra biográfica (*Biografía mágica de Gaudí*) al tema. Las afirmaciones que realiza este autor sobre el arquitecto modernista son totalmente infundadas y descalificables. J. Llarch, sin prácticamente aportar ningún dato que se apoye en hechos reales o verificados, habla de las iluminaciones, del éxtasis y de las genialidades de A. Gaudí provocadas por la ingestión del hongo enteógeno. Lo relaciona con la orden religioso-militar de los Templarios, con la de los axexinos y con los ismaelitas (LLARCH, 1982:206) sin el menor intento de meticulosidad en sus aserciones; escribe con un evidente desconocimiento de los productos y substancias alcalóidicas de la oropéndola loca que habrían despertado las iluminaciones gaudinianas; y, por fin, incluso alguna de las citas que realiza este autor como pretendidos fundamentos a sus afirmaciones, después de verificarlas cuidadosamente han resultado citas equivocadas, o con sentidos forzados respecto a lo que dicen las versiones originales. Por ejemplo, Joan LLarch afirma:

> En el volumen III de las obras completas del escritor Josep Pla, de su serie *Homenots* -entre los que figura una aguda y amena semblanza del arquitecto Antoni Gaudí- el autor nos dice respecto del biografiado, que su amigo, el arquitecto Joan Bergós, le manifestó su perplejidad al explicarle que había sorprendido Gaudí tomando leche con lechuga, una práctica poco usual. (...) Gaudí sabía, sin duda, que entre las propiedades de la lechuga figura la de su poder somnífero. Cuando se corta, la lechuga segrega un látex que, recogido adecuadamente, no tarda en secarse y que macerado debidamente, puede ser utilizado como somnífero. No obstante, la lechuga también es un antiafrodisíaco. Evita los sueños lujuriosos que, surgiendo del inconsciente, pueden acometer al ser más casto. Los fantasmas de la lujuria sexual se disuelven. Que no se escandalice nadie considerando erróneamente que tales especificaciones atentan a la imagen mitificada de la espiritualidad de Gaudí. (LLARCH, 1982:208-209)

Al inicio de este fragmento, Llarch cita la obra de Josep Pla, de donde extrae una anécdota que nos ha interesado dadas las peculiaridades hipnóticas que realmente tienen el electuario, principio activo del látex segregado al cortar una lechuga silvestre (*Lactuca virosa*) antes de florecer. Si fuese cierto que Gaudí conocía y hacía uso de las propiedades del electuario, tal vez sería también cierto que era aficionado a las substancias enteógenas. De todas formas, es muy dudoso que el arquitecto comiera lechuga con tales finalidades hipnóticas.

Por otro lado, lo que realmente dice Josep Pla y que ha servido a J. Llarch para argumentar sus afirmaciones es:

> Este sostenimiento se mantuvo en los límites de la más absoluta exigüidad, entre otras razones porque Gaudí fue un practicante de las doctrinas alimentarias e higiénicas del sacerdote alemán Kneipp. Dormía con la ventana abierta. Caminaba mucho. Era vegetariano. Un día el arquitecto Bonet Garí [no Joan Bergós, como escribe Llarch citando al mismo Pla] lo encontró comiendo lechuga bañada en leche. ¡Extraña combinación! No es preciso decir que cualquier forma de alcohol o de tabaco fue excluida de su alimentación. (PLA, 1980, XI:227)

En primer lugar, es preciso saber que las prácticas higienistas y dietéticas del sacerdote y médico alemán Kneipp fueron ampliamente conocidas y seguidas en toda Europa a finales del siglo XIX y principios del XX, por lo que no puede considerarse ninguna excentricidad que Gaudí fuera uno de sus seguidores. Por otro lado, del fragmento citado de Josep Pla se deduce que la lechuga mojada en leche fue una de las numerosas rarezas de Antoni Gaudí, y probablemente un producto directo de la miseria material que padecía. Desde la muerte de su sobrina, que lo cuidaba, Gaudí se fue despreocupando de su persona y casi se dedicó en exclusiva a la construcción del templo expiatorio de la Sagrada Familia, en Barcelona, obra por la que no recibió ninguna suma importante de dinero, según sus biógrafos, y de la cual extraía lo mínimo para su manutención diaria dados los escasísimos recursos de que disponía. Incluso durante los últimos años de su vida, Gaudí se instaló en el oratorio del templo, que estaba en construcción, y era asistido por la portera. Su vestimenta era totalmente abandonada y de indigente, hasta el punto que, al ser trasladado al hospital después del accidente mortal con el tranvía que lo atropelló, fue puesto al lado de los pordioseros necesitados y nadie lo reconoció hasta pasado un tiempo.

Antoni Gaudí era de costumbres rígidamente austeras y de carácter introvertido y adusto. Disfrutaba de pocos amigos, y entre ellos la mayoría eran sacerdotes o arquitectos, personajes que difícilmente debían estar interesados en el consumo de enteógenos o de embriagantes fuertes.

Dada la falta de posibilidades para verificar realmente si el genial arquitecto ingería o no *Amanita muscaria*, ha sido a través de las manifestaciones recogidas de donde podemos deducir firmemente que no consumía, y probablemente ni conocía el hongo enteógeno a pesar de aparecer una representación de este extraño vegetal en su obra.

En general, podemos afirmar que en las comarcas y regiones naturales catalanas donde crece la oropéndola loca, los campesinos conocen las propiedades de esta seta. Saben que "hace ver cosas extrañas" o "que emborracha de una forma muy especial", pero actualmente no se asocia, quizá excepto en casos aislados, al mundo fantástico de los *martinets* o gnomos. Estos seres pertenecen a la leyenda o al mito, y parecen estar totalmente desconectados de una realidad material. A pesar de la ignorancia obvia, producto del tabú histórico, ha sido una gran sorpresa para nosotros descubrir la considerable cantidad de individuos atraídos por las experiencias interiores y de modificación de la consciencia que conocen y han hallado de nuevo el uso enteógeno de esta seta, y también ha sido una sorpresa descubrir a lo largo del presente trabajo que los gnomos afectan mucho más de lo que suponíamos la vida cotidiana en los ámbitos simbólico y emotivo del pueblo catalán actual. He encontrado representaciones de duendes y de la *Amanita muscaria* en lugares y con motivos desconcertantes sumergidos tanto en el universo infantil como en el adulto, y, a pesar de tratarse de un tema poco habitual en las conversaciones, las imágenes y las vivencias fantásticas asociadas al matamoscas y a su producto simbólico e iconográfico, los duendes, se mantienen subyacentes y con una gran carga emotiva en la mente de las personas micófilas.

Fig. 20 Vela de cera con forma de *A. muscaria*, 18 cm. de altura.

Fig. 21 Decoraciones realizadas en papel cartón para los tradicionales árboles de navidad y para los pesebres.

Fig. 22 Libro infantil catalán para iniciar a los niños en las primeras lecturas.

Fig. 23 Trapo de cocina con un bordado de *A. muscaria*, adquirido en un mercado de Barcelona.

"ESTAR TOCAT DEL BOLET"
(ESTAR TOCADO DEL / POR EL HONGO)

> ... entonces es probable que lo que durante miles de años ha sido un elemento secreto y sagrado, confiado tan sólo a gente escogida por su buena conducta y por su integridad, sea robado por desencantados que buscan sensaciones.
>
> (GRAVES, 1980)

En catalán existe una frase hecha o locución adverbial muy interesante y reveladora, que hasta donde sabemos sólo tiene equivalente en idioma vogul, lengua ugro-finesa usada por pueblos siberianos que consumen matamoscas en sus ritos chamánicos. Tal expresión es *estat tocat del bolet* ("estar tocado del hongo"). Esta expresión fue extensamente usada en el mundo tradicional y ha llegado hasta nuestros días con plena vigencia y vitalidad. Cualquier catalán comprende el sentido de esta locución y la usa acertadamente para referirse a otros individuos que, desde su punto de vista, practican conductas inusuales según los patrones de comportamiento habituales en este pueblo. No obstante, esta forma de expresión tiene un sentido simpático, como analizaremos más adelante.

Pocos son los individuos socializados en Cataluña que, teniendo y usando hoy la expresión "estar tocado del hongo", se han detenido siquiera un instante a buscar el motivo por el que tal frase ha adquirido el sentido con cual se aplica. Sencillamente se usa la expresión y basta. Hay diversos estudios sobre los proverbios, dichos y frases hechas que se centran en el interés historiográfico que tiene analizar los refranes, por la cantidad de información que contienen sobre la sociedad que los usa y de la cual forman parte (FERICGLA, 1982:35-45). A pesar de ello, eludamos en la presente obra la discusión sobre el interés historiográfico.

Desde una perspectiva funcionalista, los proverbios forman una red de puntos que se complementan formando una representación simbólica del pensamiento de una sociedad en un momento sincrónico determinado. Los proverbios y frases hechas son fundamentalmente funcionales, y esta es su razón de ser. La mayoría de los dichos, como veremos en aquellos referidos a la micología, son didácticos u orientativos y los restantes prácticamente son una expresión y al mismo tiempo un testimonio del sistema simbólico y poético del pueblo que los ha creado y los utiliza.

Cuando un proverbio deviene funcionalmente inútil, se olvida rápidamente y se pierde, fenómeno que no sucede con los mitos porque no están tan sólo relacionados con unas situaciones concretas e históricamente determinantes, sino que los mitos nacen de una situación que de una forma u otra conecta con el inconsciente humano y con una forma cultural determinada. Esta relación es la que da valor al mito y le permite cambiar relativamente de forma a medida que la sociedad avanza, sin variar el significado último.

Lo que sí aporta una información valiosa es tanto la locución en sí misma, como el momento de su gestación y asimilación, su sentido y el objetivo con el que se usó, suponiendo que se llegue a conocer. Es decir, su misma existencia, la construcción especial que tiene, el símil, el palíndromo o la locución adverbial que contiene, la clase social que la utiliza, etc., son datos historiográficos, etnolingüísticos y antropológicos de un interés especial que aumenta al situar un proverbio dentro de la red oral de una cultura y extraer de ella la importancia absoluta y relativa de que goza la frase hecha.

"Estar tocado del hongo" es uno de los pocos dichos catalanes que se han mantenido envidiablemente persistente en el tiempo, aunque el sentido y contenido literales, y su origen, se hayan perdido para la inmensa mayoría de la población: de él sólo se conserva la función.

El refranero catalán contienen innumerables proverbios referentes a los hongos, prueba clara de la micofilia catalana. La mayoría de estos proverbios y refranes aluden didácticamente, y de una manera muy sencilla y cautivadora, a diversas circunstancias relativas a los hongos; o bien ofrecen, simplemente, alguna información práctica a los recogedores de hongos, a los hongueros:

Any de bolets, any d'ovelles esguerrades ("año de hongos, año de ovejas malogradas"): alusión a los especímenes tóxicos que envenenan a las ovejas. Recogido por el autor en el Ripollès.

Lo bolet terrerol mai va tot sol ("el hongo que crece en círculos, nunca está solo"): información dicáctico-práctica. Recogido en Urgell y en la Segarra.

Els bolets, menja'ls ben nets ("los hongos, cómelos muy limpios"): indicación didáctico-práctica. Refrán recogido en Manresa.

Si trobes una llora, el rovelló és a la vora ("si encuentras una llora -nombre popular catalán de una seta, sin equivalente en castellano- es que el níscalo está cerca"): indicación para los recogedores de hongos. Usado en el Vallès, el Bages, el Barcelonès y en toda la zona pirenaica y pre-pirenaica.

El bolet neix a l'octubre però és fill de l'agost ("la seta nace en octubre pero es hija de agosto"): indicación didáctica.

Pluja a darrers de setembre, per l'octubre bolets sembra ("lluvia a finales de septiembre, para el octubre setas siembra"): indicación didáctica.

Si a l'octubre plou, el rovelló mou ("si en octubre llueve, al níscalo mueve"): indicación didáctica.

Bolets amb llet i que piquen, si no maten mortifiquen ("hongos con leche y que pican, si no matan mortifican"): indicación didáctica.

Els bolets que porten beina al fosser donen feina ("los hongos que tiene vaina al sepulturero dan faena"): indicación preventiva.

Per Sant Josep la múrgola treu el bec ("por San José, la colmenilla muestra el pico"): indicación didáctico-cronológica.

La llenega es carn d'ovella, el rovelló es carn de moltó (La llenega -nombre popular catalán de una seta, sin equivalente en castellano- es carne de lechal, el níscalo es carne de oveja): indicación gastronómica.

Al rovelló cerca-li companyó ("al níscalo búscale el acompañante"): indicación a los recogedores de hongos.

En arribar Sant Lluc cullo el rovelló si puc ("cuando llega la época de San Luciano, recojo el níscalo si puedo"): indicación cronológica.

Además de proverbios -como los que acabamos de ilustrar-, también localizamos algunas frases hechas y locuciones adverbiales que hacen referencia a los hongos. Estas formaciones lingüísticas adverbiales, paralelamente a los proverbios, recogen rasgos contextuales o formales de los hongos a fin de usarlos de símil en otros sentidos, pero no dejan nunca de ser resultado de la observación externa de los hongos. Por ejemplo, *fer-s'hi bolets* ("crecer hongos", para referirse a lugares sucios o húmedos) y *créixer com bolets* ("crecer como setas", aludiendo a la velocidad con que estos extraños vegetales se desarrollan).

El dicho "estar tocado del hongo" sale de los reducidos límites entre los cuales se mueven los proverbios y las locuciones adverbiales anteriores. Por un lado, descubramos el contenido académico del dicho: el sentido que indican los diccionarios y las enciclopedias, que es correcto pero parcial; y por otro, observemos el contenido cualitativo: la manera precisa de vivir y comprender el contenido subterráneo del proverbio tal y como los catalanes lo entienden y usan.

¿Qué contenido semántico tiene "estar tocado del hongo"? El prestigioso *Diccionari català-valencià-balear*, de Alcover-Moll, dice que se utiliza refiriéndose a alguna deficiencia mental. La *Gran Enciclopèdia Catalana* integra los contenidos de *tocar-se de l'ala* ("tocarse del ala") y *tocar-se del bolet* ("tocarse del hongo") a "volverse loco, perder el entendimiento". Es decir, que el sentido literal del refrán, según la normativa de la lengua, indica una pérdida del entendimiento o locura. La acepción es sólo parcialmente cierta.

Entre el pueblo, el dicho se aplica a un individuo que no se comporta siguiendo las pautas de conducta consideradas "normales": a un individuo que esté insólitamente eufórico, exaltado, fervoroso, apasionado por algún objeto, alegremente desenvuelto; o bien a alguno con carácter excéntrico, que sea extravagante o estrafalario. No obstante, en ninguna de las acepciones tiene un contenido peyorativo; el hecho de decir "estás tocado del hongo" no es señal de menosprecio, sino que tiene bastantes concomitancias afectivas positivas, contrariamente al carácter que tiene, por ejemplo, acusar a un individuo de estar drogado o ser idiota, formulas lingüísticas, ambas, que hacen igualmente referencia a una alteración de la mente, pero despreciativamente. La aplicación más exacta de estar tocado del hongo se hace para referirse a alguien que sufre una embriaguez simpática, del cual se pueden disculpar los excesos que haga, aunque no entren en la categoría de "normalidad". Por tanto, si bien es cierto que "estar tocado del hongo" tiene unas connotaciones directas referidas a una alteración del estado ordinario de la consciencia, no es aplicable a un individuo demente, sino a alguien que puede estar bajo el efecto de un embriagante aceptado, apasionadamente enamorado, etc.

En la sociedad occidental actual es comprensible y disculpable, hasta un cierto punto, que un individuo en un día de fiesta no respete las convenciones sociales porque "está borracho", válvula de escape al alcance de todo adulto. Incluso en el código de responsabilidades civiles el hecho de cometer una infracción embriagado de alcohol hasta hace muy poco tiempo era un motivo para rebajar la responsabilidad. Se está borracho de alcohol, pero no se está nunca borracho de otra substancia. Prácticamente todo el mundo diferencia entre las bebidas alcohólicas y las drogas (que son el resto de substancias enteógenas y embriagantes, muchas de las cuales son, por cierto, menos peligrosas y potentes que los destilados etílicos). Mientras que el consumo de alcohol todavía es disculpable y rebajaba las condenas judiciales (naturalmente, por tratarse de nuestro medio tradicional de conseguir embriagueces, difundido por la religión cristiana como "sangre de cristo"), el resto de substancias psicoactivas sufren la persecución de la ley y son, por ellas mismas, punibles. Decir a un individuo que "está drogado" no tan sólo no tiene ninguna característica de simpatía, sino que suele contener una intención altamente injuriosa, contrariamente a "estar ebrio": todo depende de la categoría cultural con la que cada sociedad etiquete a un tipo concreto de embriagante.

En Cataluña, "estar tocado del hongo" goza de unas connotaciones decididamente simpáticas y excusables. Puede decirse de alguien que, por ejemplo, hace pequeñas locuras porque se siente muy alegre. Cuando el pueblo creó este refrán e implantó y extendió su uso, indicaba un estado mental de euforia provocado por un agente conocido por todos, aceptado y juzgado con una predisposición innegablemente buena. La acepción que se utilizó del verbo "tocar" es la que el *Diccionari Alcover-Moll* define como "estar afectado, influido por una cosa; contaminarse de ella, tener una parte de ella". *Estàs tocat del bolet* ("estás tocado del hongo") equivale literalmente, ni más ni menos, a "estás influido por el hongo".

Consultado el sociolingüista Jordi Joan Serra, del Servicio Lingüístico de la Diputación de Barcelona, sobre el problema que puede plantear el uso de la contracción *del* -en castellano se da de forma idéntica al catalán- (estar tocado *del* hongo) en lugar de la contracción que normalmente hoy se usaría, *pel* ("por el", en castellano): *estar tocat pel bolet* ("estar tocado *por* el hongo"), Serra nos ha indicado que la contracción *del* es perfectamente intercambiable por la contracción *pel* ("por el") y más aun en épocas pretéritas. Expresiones tales como "estar tocado por el frío" o "estar tocado por los gusanos" -una fruta, una verdura- se mantienen hoy en plena vigencia en muchas regiones catalanas (yo lo he escuchado como parte del lenguaje normal en el Lluçanès, el Ripollès y el Berguedà).

Si hacemos una ligera y habitual variación en la expresión "estar tocado del hongo" y decimos "estar tocado (influido) por el hongo", queda una frase clara y literal referida a la práctica -aceptada y vista con simpatía o emoción- de ingestión de hongos embriagantes o enteógenos. Ahora ya sabemos que el espécimen al que, sin duda, apunta el refrán es la *Amanita muscaria* consumida y aceptada antiguamente (y actualmente aunque con claras diferencias) entre los habitantes de tierras catalanas, entre otro pueblos de la Tierra.

Fig. 24 *En la ingeniosa historieta que nos ha llegado, Apel.les Mestres explica el intercambio de substancias enteógenas y embriagantes entre dos tradiciones culturales: la mediterranea litoral, representada por el pequeño Baco o Dionisio, que tiene por costumbre ingerir bebidas alcohólicas, y la tradición interior de las montañas, representada por el duende que consume alguna planta que se fuma y que podría ser también el hongo enteógeno. (Ilustración del original de Apel.les Mestres del 24 de octubre de 1894, actualmente en el Archivo de Imágenes de la Casa del Arcediano en Barcelona, volumen XX de los* Libros verdes de dibujos, tintas y acuarelas de A. Mestres.)

Aunque no es el único medio para conseguir una ebriedad deseada, las bebidas alcohólicas, hoy, comparten ciertas peculiaridades festivas con la antigua ingestión de oropéndola loca: el champán, que caracteriza y acompaña las comidas rituales de los días de fiesta, es el embriagante que se consume en Occidente en ceremonias más o menos habituales y que todo mundo ha aceptado de manera mecánica. Forma una parte esencial de la cultura misma: en mayor o menor grado, por ejemplo, a todo el mundo le despierta una emoción profunda y entusiasta la magia de descorchar una botella de vino de uva Chardonnay, de la bodega Jean Leon (Penedès), reserva de 1964. Se han pagado auténticas fortunas por vinos de reservas especiales, exactamente igual a lo que hacen los nativos siberianos los cuales llegan a intercambiar, como explica R. Gordon Wasson, un reno vivo por un ejemplar de matamoscas en épocas de escasez de hongos, o si el espécimen viene de sitios altos especialmente indicados, donde crecen los mejores y más potentes.

Situados ante o en relación con los agentes enteógenos, los sistemas de los valores materiales (bienes, posesiones, etc.) varían absolutamente sus categorías y la magia (acción que el enteógeno induce sobre el inconsciente facilitando el paso del contenido de éste a la consciencia) de una botella de excelente vino o de una substancia enteógena, provoca, por ejemplo, que un individuo que cree malgastar una cantidad de dinero en un objeto que le sería práctico, no tiene el mismo concepto a la hora de gastar cuatro veces más para conseguir alguno de los medios citados que le ayudarán a realizar una buena excursión psíquica.

Es muy probable que la locución catalana *estar tocat del bolet* incialmente fuera verbalizada en alusión directa a la fase de euforia cinética que provoca la ingestión del matamoscas. La acepción más adecuada sigue siendo cuando se usa para referirse a alguien que está temporalmente exaltado y desmesuradamente enfervorecido, pero no para indicar estados de abstracción y excentricidad silenciosa o marginal. Se está literalmente "tocado por el hongo" cuando alguien ha ingerido *Amanita Muscaria* y comienzan a desatársele los bloqueos psíquicos convirtiéndose en un individuo locuaz y eufórico; cuando se salta y se realizan esfuerzos inusuales de forma cuasi gratuita: reír, bailar o aserrar, en pleno verano, más leña de lo que se podría creer necesario normalmente. Una persona que actúe de forma parecida a raíz de la intoxicación por la muscarina y el muscimol de la oropéndola loca, "está tocada (influida) por la seta".

La habitual literalidad del sentido de las locuciones adverbiales y frases hechas, como en nuestro caso, abona la relación descubierta entre *estar tocat del bolet* y el consumo socialmente consensuado del enteógeno fúngico. No se trata de ninguna fórmula poética ni metafórica, como en alguna ocasión nos han propuesto, ni ningún paralelismo rebuscado entre el anarquismo con que aparentan crecer los hongos en el bosque y la conducta de un demente (los hongos no crecen en caótico desconcierto, sino bien al contrario: siguen el mismo orden natural que el resto de vegetales).

La última expresión tradicional catalana que podría estar formalmente relacionada con los hongos es la de *fotre un bolet* (literalmente "joder una seta", en traducción libre "golpear un hongo", pero el sentido con que se usa es similar a "dar un tortazo" con un sesgo especialmente amenazante). Esta frase hecha tiene un carácter serio, agresivo y de bastante mal gusto: no comparte ninguna característica simpática, fantasiosa ni emocional con *estar tocat del bolet* ("estar tocado del hongo"), más bien está cerca de serle una frase de contenido emocional opuesto.

Esta locución adverbial, *fotre un bolet*, que significaría "pegar a alguien con un hongo" es, según P. Font Quer (FONT QUER, 1983:99), un barbarismo catalán extraído del término francés *boulée -la baguette de bouleau* que, por ejemplo, aparece en Rolland-, y que también está relacionado con la palabra *biouliée*, expresiones que se usaban para designar cuando alguien era golpeado con la fibrosa y temida rama de abedul, en francés *bouleau*. Antiguamente las ramas frescas y tiernas de abedul eran muy usadas a manera de verga de toro para castigar a los niños en las escuelas, para golpear a los animales de trabajo, etc. En general, era muy temida porqué una *boulée* hacía daño de verdad. Fue de esta expresión popular francesa, pues, de donde se mal tradujo *boulée* ("abedul" en francés) por *bolet* ("hongo" en catalán). La locución que significa "pegar a alguien con (una rama fibrosa y dura de) abedul" -algo realmente agresivo- a raíz de la similitud fonológica fue mal adaptada y se convirtió en la expresión popular catalana *fotre un bolet* ("golpear un hongo"), cuando debería ser *fotre un bedollí* o *fotre un bedollàs* ("dar un abedulazo" o "golpear con un abedul"). Así pues, la tan popular frase hecha catalana *fotre un bolet* carece de toda relación con los hongos ni con nada de su contexto o implicaciones.

Fig. 25 *La asociación ecologista ADENC, de la ciudad catalana de Sabadell, jugando con la frase hecha* estar tocat del bolet *("estar tocado por el hongo") distribuyó estos adhesivos para difundir sus actividades en defensa de la tierra.*

APUNTES DE BIOQUÍMICA

El camino seguido por las distintas ramas de la ciencia cada día las aleja más unas de otras, pero también es cierto que cada vez hay más puentes que permiten hallar puntos de contacto y de colaboración entre unas y otras especialidades. Hace algunos años habría sido realmente extraño descubrir un capítulo hablando de bioquímica en una obra anunciada como de antropología (a menos que no hubiera sido para analizar el comportamiento de algún bioquímico o de todo el colectivo); actualmente la interdisciplinariedad es imprescindible, a pesar de lo inactiva que se muestra la universidad española, en términos generales, en este sentido. No hay suficiente conociendo y resgistrando las imágenes arquetípicas de un pueblo, por ejemplo, sino que conviene estudiar el fenómeno en todas sus partes componentes: psicología, antropología, neurología, simbolismo, etc. En este sentido, sin ir más lejos, la neurología ha sido la disciplina de la cual la antropología cognitiva ha extraído el término "fosfeno", tan útil en algunas verificaciones y formulaciones teóricas.

La *Amanita Muscaria* es una seta productora de alcaloides, como la muscarina; los sapos producen otro subtipo de alcaloide en cierta forma similar a la muscarina: la bufotenina.

El término "alcaloide" es un genérico que se refiere a substancias orgánicas nitrogenadas, de carácter básico, de estructura química muy variada y compleja, y que, en general, con una dosis pequeñísima consiguen tener unos marcados efectos sobre seres humanos y animales. Aunque la mayor parte de alcaloides conocidos se trata de tóxicos muy violentos, son muy usados en farmacología y en medicina justamente por sus intensos efectos (analgésicos, anestésicos, hipnóticos, cardiotónicos, hipotensores, tranquilizantes, alucinógenos, eméticos, etc.) y son substancias conocidas y empleadas desde la más remota antigüedad. Todas las substancias enteógenas, conocidas y usadas ya desde la prehistoria, deben sus efectos embriagantes a los alcaloides que contienen.

El proceso para aislar los alcaloides y demás substancias psicoactivas provenientes del mundo vegetal o animal -con mucha menos frecuencia- no es excesivamente complejo. La producción sintética de estas substancias lo es mucho más, razón por la cual los alcaloides comerciales son, en su gran mayoría, extraídos directamente de plantas. Tal proceso de extracción comprende, en principio, una maceración en agua o alcohol y un proceso simple de filtrado, condensación y concentración. Es así como podemos comprender con claridad porqué una de las fórmulas para consumir el Soma enviado por los dioses vedas a los humanos fuera macerando y bebiendo el jugo amarillento que se obtiene al exprimirlo. También podemos reconocer un proceso idéntico en la ingestión de *Amanita muscaria* por parte de los pescadores clandestinos de salmón en Escocia, quienes maceraban el hongo en su embriagante báquico preferido: en whisky; a pesar de que la información que me ha llegado no especifica si ingerían la seta con pulpa incluida o si solo bebían el zumo extraído de la maceración en whisky, es muy probable que fuera la segunda posibilidad: debían haber descubierto que el principio psicoactivo del hongo enteógeno pasa al licor destilado, y de esta forma se ahorraban el gusto repugnante de la oropéndola loca y las molestias provocadas por el ruido fisiológico que produce consumida directamente (los vómitos).

A pesar de la conocida y experimentada acción de los alcaloides sobre el funcionamiento neuronal general, y mental en particular, del ser humano, la primera cosa que es preciso aceptar es la gran ignorancia que tenemos referida a los procesos reales que actúan dentro de nuestro cerebro y a través de nuestra mente. A medida que las investigaciones en fisiología neuronal y cerebral y en psicofarmacología avanzan, se pueden responder algunos interrogantes planteados, pero suele suceder que al mismo tiempo aparecen otras y aún más complejas cuestiones. No obstante, y sin movernos del límite de nuestros conocimientos actuales, se puede afirmar que la comprensión de los distintos procesos que actúan en la transmisión sináptica ha permitido realizar algunas hipótesis sobre la forma en que actúan las substancias enteógenas, entre las cuales se hallan la muscarina y el muscimol.

Para comprender la etiología de los fosfenos, imágenes sin referente externo, empecemos por exponer de forma esquemática el funcionamiento de las sinapsis.

Un impulso nervioso cualquiera, para poder llegar a su destino no tan sólo utiliza una neurona, sino una cadena o camino de neuronas. En general, el impulso -por ejemplo, un sonido o un rayo de luz o una punzada en el piel- llega al extremo de una neurona que está en contacto con otro elementos (otra neurona) e inicia un recorrido por el sistema nervioso hasta llegar al encéfalo, desde donde se dará respuesta al estímulo (por ejemplo, apartando el pie y buscando con la mirada el origen de la punzada). El punto de contacto entre dos neuronas de la cadena se llama "sinapsis". Este punto de unión de una neurona con otra, la sinapsis, que es el nudo gordiano de buena parte del funcionamiento de nuestro cerebro, no es una conexión en el sentido habitual del término (poner en contacto dos elementos para que se intercambien algo), sino que en este espacio intersináptico hay un vacío por donde debe saltar la información bioeléctrica que corre a través de una neurona para llegar a la siguiente, pero por procedimientos químicos. Las sinapsis, o puntos de conexión entre neuronas, no tienen un funcionamiento totalmente conocido; se sabe que hay una transmisión bioquímica provocada por el impulso eléctrico que corre a través de la neurona, y que cuando llega al final actúa -el impulso eléctrico- sobre una membrana presináptica, que libera o suelta algunas substancias que modifican el comportamiento de la membrana de la célula siguiente, o postsináptica. Las substancias liberadas por la membrana presináptica, y que actúan sobre la postsináptica, se conocen como neurotransmisores (literalmente, que actúan de transmisor de la información que corre de una neurona a otra hasta llegar a la zona del cerebro destinataria, o al músculo). Otra característica importante de las sinapsis, donde se da la acción química, es la existencia de un "retraso sináptico" (BALLÚS, 1975:159), lo que significa que, en general, la transmisión del impulso o información neuronal sufre un pequeño retraso cada vez que llega a una unión sináptica. En el ámbito de la psicofisiología se acepta que el retraso que sufre la información que corre por nuestro sistema nervioso, cada vez que se topa con una sinapsis, en inferior a 0'5 milisegundos (esto referido a las sinapsis bioquímicas, que son la mayoría de las conexiones que tenemos los humanos; entre los animales inferiores hay uniones sinápticas directamente eléctricas).

Esquema de conexión sináptica:

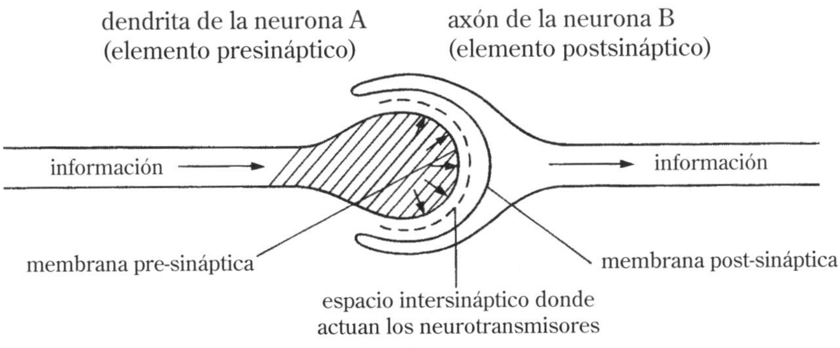

Los enteógenos afectan las substancias neurotransmisoras, es decir las que realizan el transporte de la información de una neurona a la siguiente. Las substancias transmisoras que aparecen en toda sinapsis son básicamente de dos tipos: monoamidas y aminoácidos. Todavía se desconoce la forma exacta de actuar de cada uno de estos grupos de substancias, si bien se sabe que las substancias y las prácticas enteogénicas actúan directa o indirectamente sobre el funcionamiento ordinario de los neurotransmisores.

Dos de los elementos transmisores monoamidas son la serotonina (sobre la cual se centra mucho el interés de los laboratorios farmacológicos actuales) y la acetilcolina. Concretamente, se cree que la serotonina está implicada en la regulación de la temperatura corporal, en la percepción de la información sensorial y, además, en la iniciación del reposo nocturno, entre otras funciones igualmente importantes. Actualmente se celebran congresos de psicofarmacología y neuroquímica especialmente dedicados a tratar el tema de la serotonina. Este neurotransmisor monoamida ha sido hallado en el cerebro de los mamíferos y en el veneno de los sapos juntamente a la bufotenina. En el ser humano se ha descubierto que las concentraciones más elevadas de serotonina se hallan en el cerebro de los enfermos de esquizofrenia y en el de los epilépticos. Fijémonos en el hecho de que, según los neurólogos, las actividades que son influidas o trastornadas por acción de la serotonina son las mismas -o muy cercanas- a las que en nuestros estudios antropológicos descubrimos más cercanas a los estados modificados de consciencia por efecto de los enteógenos. El estado mental que se atraviesa inmediatamente antes de caer dormido es explotado por muchos chicos y adultos de nuestras sociedades para poder disfrutar por unos instantes -que, perdido el sentido del tiempo, suelen parecer horas- de beatitud, de infinita y agradable paz durante la cual todas las informaciones que llegan de nuestro exterior (ruidos, tactos, colores difusos, etc.) adquieren una dimensión mágica, distinta. Este mismo estado de ensueño es explotado también por distintos pueblos para entrar en sus dimensiones liminares de la realidad. La epilepsia, tenida por una lacra terrible en nuestras sociedades occidentales, es leída como señal divina en otras culturas; las personas epilépticas disfrutan de un potencial innato para traspasar el condicionamiento cultural básico recibido, y conocer una realidad pluridimensional, hasta llegar al punto primigenio y original del cual surgen todos los valores, y a partir del cual adquieren sentido las cosas (hemos afirmado que tienen una predisposición, no que forzosamente sea siempre así, ya que para ello se requiere un dominio del mundo mental y simbólico adquirible sólo a través de un intenso entrenamiento cultural).

La epilepsia (estado modificado de la consciencia con una falta total de control) es una anomalía, o irregularidad bioquímica, a la cual convendría -y probablemente se podría- darle un contenido cultural y simbólico concreto y comprensible para el propio individuo; eso es exactamente -aunque a grandes rasgos- lo que sucede entre los pueblos primitivos: los chamanes recorren largos períodos iniciáticos (de aprendizaje y entrenamiento) durante los cuales aprenden a llenar de contenido comprensible la modificación bioquímica, a dominarla y a usarla en provecho propio y de la comunidad. No hay que entender, a pesar de lo que acabo de decir, que la base de todo comportamiento y de toda percepción de la realidad está en la bioquímica, y que la cultura es únicamente como "un domesticar" nuestras bases biológicas. En absoluto. Nuestra dimensión biológica y el entrenamiento cultural que recibimos desde incluso antes de nacer, forman un todo que interactua en forma de sistema dinámico cuyas partes constituyentes se modifican mutua y constantemente.

En Samoa, por ejemplo, los epilépticos son entrenados para actuar como adivinos. Los batak de Sumatra y otros pueblos indonesios escogen preferentemente personas enfermizas o débiles para que ejerzan el oficio de magos, y paralelamente a estas dos ilustraciones podríamos llenar páginas enteras con ejemplos del mismo estilo. Sin embargo, el mago primitivo, el hombre-sanador o el chamán no tan solo son enfermos reciclados por y para la sociedad: se trata, por encima de todo, de un enfermo que a conseguido curarse a sí mismo. Muy a menudo, cuando la vocación del chamán o del hombre-curandero se manifiesta por medio de una enfermedad o de un ataque de epilepsia, la iniciación del candidato equivale a una curación. El conocido chamán yakute Tüsput ("caído del cielo") enfermó a los veinte años y estuvo cantando -una de las técnicas más habituales de éxtasis- hasta que notó una mejoría. Cuando Sieroszewski lo encontró, tenía sesenta años y mostraba una energía incansable: "si fuera preciso, tocaría el tambor, cantaría y bailaría toda la noche". Era, además, un hombre que había viajado, incluso había trabajado en las minas de oro de Siberia, pero sentía la necesidad de dedicarse a chamanizar: enfermaba si dejaba de practicarlo durante algún tiempo, hecho éste que caracteriza la mayoría de los chamanes que lo son por determinación natural (para una narración completa en primera persona del proceso de aprendizaje por el que pasa un chamán amazónico, véase FERICGLA, 1994).

No se debe, de ningún modo, al hecho de sufrir ataques de epilepsia que un chamán esquimal, jíbaro o indonesio tenga fuerzas y prestigio, sino al hecho de que ha podido dominar a su enfermedad. Es más: los chamanes, tan comparados a los epilépticos y a los esquizofrénicos, lo son tan sólo en apariencia, ya que ofrecen numerosas pruebas de disfrutar de una constitución nerviosa superior a la normal; los hombres-sanadores consiguen concentrarse con una intensidad inaccesible a los profanos, soportan esfuerzos agotadores, dominan a la perfección sus convulsiones extáticas, etc.

Según los yakutes, el chamán perfecto tiene que ser serio y tener tacto, saber convencer a los que están a su alrededor, y, especialmente, no ha de mostrarse nunca orgulloso, presumido ni violento. Los demás han de sentir que del chamán emana una fuerza superior que no ofenda, y él, por su parte, ha de poseer una plena consciencia de sus poderes. El vocabulario de un chamán yakute comprende unas 12.000 palabras, mientras que el lenguaje usual de este pueblo -el que utiliza y comprende el resto de la colectividad- no sobrepasa los 4.000 términos (ELIADE, 1982:38-43).

En este sentido, que los chamanes, brujos u hombres-curanderos en general, estén o no sujetos a los ataques reales de epilepsia o de histeria no significa que puedan ser catalogados de simples enfermos, ya que su experiencia psicótica tiene un elevado contenido teórico. Si se curan a sí mismos y saben sanar a los demás es, entre otras cosas, porque conocen el mecanismo, o la teoría, de la disfunción y pueden "utilizarla" para conseguir estados extáticos, y luego regresar a la normalidad habiéndola enriquecido.

Volviendo de nuevo a la compleja acción de la bufotenina y de la muscarina, cabe afirmar que tienen propiedades paralelas a la serotonina. Por el hecho de poseer estructuras moleculares similares, las substancias enteógenas se "adaptan" a la función que ejerce la serotonina y otros neurotransmisores en nuestro sistema de conexiones neuronales, las sinapsis, y modifican en cierta manera el paso de la información por tales conexiones, favoreciendo los estados de profunda interiorización que conocemos.

Serotonina (hormona cerebral):$C_{12}H_{12}N_2O$

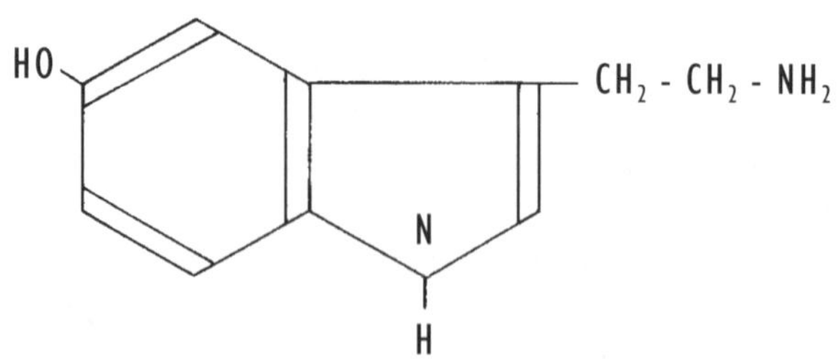

Bufotenina (alcaloide segregado por las glándulas carótidas de los sapos): $C_{12}H_{16}N_2O$

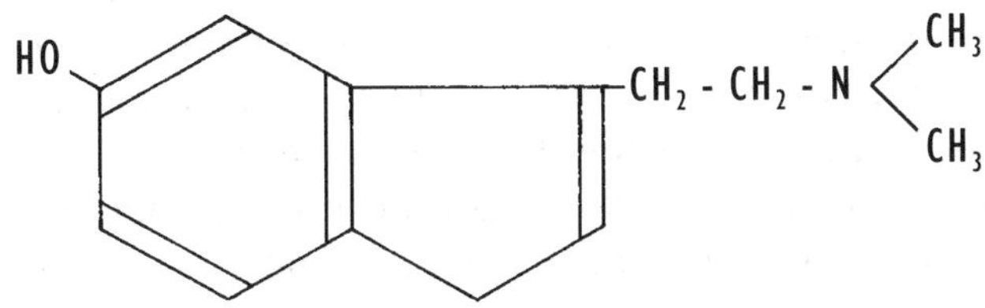

Muscimola:$C_5H_{15}NO_3$

El problema bioquímico de la muscarina, el alcaloide elaborado por la *Amanita muscaria*, es más complejo. Otras variedades de setas, como la *Amanita pantherina* o el *Boletus luridus*, también sintetizan muscarina pero carecen del potencial enteógeno del matamoscas o son excesivamente tóxicas para su uso. La respuesta a esta cuestión se halla en la conversión natural del *ácido iboténico*, presente en la oropéndola loca en cantidades que varían del 0'03 por ciento al 0'1 por ciento en la *muscimola* más activa. Así, contemplamos una situación única en la naturaleza, en que un elemento enteógeno se transforma espontáneamente en otro más potente y estable. Ahora se puede comprender que los hombres de bosque catalanes y los siberianos y los nórdicos hayan ingerido siempre la *Amanita muscaria* seca y que los efectos enteógenos pasen íntegramente, por medio de la orina, de un individuo a otro: la muscimola es el ácido cíclico hidroxámico, que es evacuado sin práctica modificación por nuestros riñones.

Tanto la muscimola como la psilocibina, la bufotenina, el ácido lisérgico 25, la serotonina y otros neurotransmisores están estructuralmente muy cerca unos de otros, naturales y sintéticos, y fue gracias a estas semejanzas que Albert Hofmann pudo pasar en cadena de la síntesis de un elemento a otro. Indudablemente, también es gracias a la estructura tan similar que tienen todas estas substancias, que actúan como enteógenos al ser ingeridas por los seres humanos y por algunos animales.

Hace trece años aproximadamente que se lanzó una hipótesis sobre el posible funcionamiento de las substancias enteógenas: no son ellas las que provocan los estados de éxtasis, tan anhelados por el ser humano, sino que sus alcaloides actúan de disparadores o catalizadores químicos de substancias aun desconocidas que elabora el propio cuerpo humano, y son estas substancias -probablemente aminoácidos- las que se insertan en los espacios intersinápticos actuando de neurotransmisores y provocando los conocidos estados enteógenos o extáticos. Justamente por esto, es posible explicar que por medio de prácticas y de entrenamientos corporales también se dispare la producción de tales substancias naturales, aunque desconocidas, y que sean éstas las que provoquen estados de éxtasis y de profunda introspección, con la ventaja de no necesitar ningún catalizador o propulsor extraño o exógeno al cuerpo humano.

La hipótesis descrita, que cayó en desgracia durante algunos años, se ha recobrado en los últimos tiempos a consecuencia del descubrimiento de unas substancias compuestas que actúan sobre la conexiones interneuronales: las prostaglandinas (trabajos realizados por Julius Axelrod y sus colaboradores del *National Institute of Mental Healt* sobre los espacios intersinápticos, y por Leslie L. Iversen sobre la química encefálica). También merecen ser citados los trabajos contemporáneos, de J. C. Callaway sobre la producción endógena de substancias psicoactivas (CALLAWAY, 1994).

Las prostaglandinas aparecen con unos niveles elevados en el tejido cerebral y producen una variedad de efectos sobre les neuronas tanto de tipo inhibidor como estimulante. La diferencia entre las prostaglandinas y los neurotransmisores se debe a que los segundos tienen efectos rápidos y pasajeros, en tanto que las primeras producen variaciones más a largo plazo. Este hecho encaja perfectamente con la realidad verificable: los enteógenos provocan un efecto substitutorio y rápido que permanece en el tiempo, incluso a pesar de haberlos eliminado por vía urinaria, a diferencia de la serotonina y de la acetilcolina, neurotransmisores con los que se han comparado.

La idea de algunos neurólogos, según la que la bufotenina y la muscimola actúan sobre la acetilcolina y la serotonina, se debe a los efectos miméticos que producen las primeras al entrar en el campo de actuación de estos neurotransmisores. Por la misma causa se ha creído observar el efecto de algunos enteógenos sobre la acción de la norepinefrina, neurotransmisor que actúa sobre las fibras adrenérgicas.

ALGO MÁS SOBRE LOS VALLES DE ANDORRA

Hace poco tiempo visitamos los valles montañosos del simpático país vecino, Andorra, con la esperanza de recoger nueva información sobre los duendes y su relación con la *Amanita muscaria*. Nuestra visita se realizó ligeramente fuera del tiempo adecuado, ya que los hombres que podían ofrecer datos de primera mano -los pastores trashumantes que pasan el verano en las altas montañas, con sus rebaños, y en otoño bajan hacia los valles más acogedores y fértiles- ya habían conducido sus rebaños hacia territorios más cálidos donde pasar el invierno.

Estuvimos con los campesinos cultivadores de tabaco, mientras lo recolectaban y lo colgaban para su secado en unos cubiertos destinados a esta finalidad, y no pudieron darnos ninguna nueva información sobre el tema que nos interesa: sólo algunos comentarios que ya conocíamos a través de fuentes bibliográficas o por gente de otros lugares.

Los ancianos andorranos dicen creer que el matamoscas es especialmente venenoso, pero subterráneamente admiten que tiene poderes embriagantes. Referido a los efectos de la seta, afirman que "emborracha" (según un hombre con quien nos hallamos en los montes que hay frente a La Cortinada). Los andorranos creen, más especialmente que ningún otro habitante de los Paises Catalanes, en la existencia de los gnomos, allí conocidos como *menairons* (como en la comarca del Pallars).

Sergi Mas, que habita en el pueblecito andorrano de Aixovall, es un recopilador de viejas costumbres y de cuentos tradicionales, un folclorista local que trabaja la cerámica y la madera. Ha escrito el volumen *Cassigalls* recogiendo anécdotas y leyendas populares de los habitantes de los profundos valles del pequeño país. Nos contó una anécdota que sucedió en la década de los años 1930 aproximadamente: una señora de respetables costumbres y con cierto prestigio local comentó a nuestro informante que algunos años atrás se les había quemado una *borda* (especie de cobertizo que se construye en los valles pirenaicos para cobijar el ganado y almacenar forraje); al tercer día, al levantarse por la mañana, se dieron cuenta que el cobertizo había sido reconstruido totalmente: según la citada señora, fue, sin lugar a dudas, obra de los duendes locales.

Otras anécdotas similares las cuentan hombres y mujeres de este país minúsculo y montañoso, alguna de ellas recopilada por S. Mas y publicada en el citado libro, y otras que hemos podido escuchar directamente, si bien siempre se trata de una misma tradición, más general, con ligeras variantes locales. Por ejemplo y según los andorranos actuales, en un canutillo de agujas caben doscientos duendes, *menairons*, en lugar de una docena o dos de ellos, como se ha visto en Olot, la Cerdanya o el Pallars; son eminentemente constructores, característica que hallamos en todos los duendes y enanitos del mundo. También en Andorra hay leyendas que hablan de montículos de piedras, de menhires, megalitos y canteras que han sido realizados por los duendes (MAS, 1981:53-57).

Resumiendo, podemos afirmar que los andorranos participan de las mismas tradiciones y leyendas que se registran sobre los gnomos en todas las zonas micófilas del Viejo Mundo y en algunas zonas micófobas, como Alemania, con pequeñas variantes locales, la más importante de las cuales es la gran seriedad de los andorranos al hablar de sus duendes y de las obras que han elaborado con su trabajo, así como su creencia en la real existencia de los gnomos. No obstante, tampoco aquí se mantiene absolutamente explícita la relación entre los duendes y el consumo de la *Amanita muscaria*.

Para acabar, reproducimos una leyenda andorrana contada por mucha gente que gusta de hablar de los hechos de los gnomos: un campesino del pueblo montañoso de Ars, del valle de Sant Joan, fue a hacer algunas diligencias a la ciudad de Sant Juliá. De regreso a su casa, y en un paraje conocido hoy con el topónimo de Ras d'Ars, el hombre se sentó a descansar y a fumar. Se sacó la petaca y los fósforos para encender el cigarrillo, y justo al abrir la cajita de cerillas salieron de su interior un grupo de duendes, rabiosos y con furia; sólo querían trabajar. Hacían un zumbido más fuerte que mil avispas juntas. El hombre quedó estupefacto. "¿Qué haré, qué diré?" es lo único que osaba repetir con voz de espanto. Llegó un momento en que, aterrorizado por la situación cada vez más furiosa, se le ocurrió decir: "¡recoged piedras!". No fue necesario que lo repitiera una segunda vez porque antes de acabar la frase, los *menairons* ya se habían puesto a trabajar. El campesino, empero, nunca vio el resultado de la labor de los duendes: durante el resto de su vida dio tantas vueltas en el camino como hicieron falta con tal de no transitar nunca más por aquellos lugares.

Si hoy se pasa por la altiplanicie, dirección a Ars, se descubre realmente que hay un prado sin la más pequeña piedra.

Josep Mª Fericgla
Lluçanès 1980-Barcelona 1985

ADDENDA

EL CONSUMO ACTUAL DE “AMANITA MUSCARIA” EN CATALUÑA

Capítulo resumido de mi artículo con el mismo título publicado en "Supplemento agli Annali dei Musei Civici di Rovereto", 1993, Rovereto, Italia, pág. 245-256 (vol. 8, Suppl.)

I

Entre los distintos pueblos que habitan la Península Ibérica (castellanos, vascos, andaluces, gallegos, etc.), hay grandes y significativas diferencias idiomáticas, históricas y culturales en general. Una de las diferencias que actualmente sigue muy viva es la actitud hacia los hongos, y ello a pesar de la homogeneización cultural que comporta la sociedad industrializada en toda Europa. Los catalanes y los vascos son pueblos eminentemente micófilos, en tanto que los gallegos y los castellanos son micófobos. Estas diferencias de actitud, aunque con distintas intensidades, se pueden registrar también en todo el Viejo Mundo. En otros capítulos se estudia la posibilidad de que ello se deba a un mecanismo de inversión psicológica relacionada con el hongo enteógeno *Amanita muscaria* .

Hace tal vez 2.500 años que por imperativo del poder social y religioso se prohibió el consumo de este hongo embriagante (idéntico proceso al que sucedió hace 500 años en el Nuevo Mundo a partir de la colonización y que ha sido sobradamente registrado), y el pueblo sustituyó su consumo por el de otros hongos, dándole un carácter eminentemente gastronómico en lugar de extático, mágico o sacro.

Esto conllevó que la tradición, el conocimiento técnico necesario para preparar la *Amanita muscaria* para el consumo, su significado cultural, etc. se fueran olvidando con el paso del tiempo, y que tan solo se transmitiera vía tradición oral en ámbitos muy marginales respecto de los valores culturales hegemónicos. Esta era la situación, y la hipótesis de trabajo, de que partí hace unos años para investigar las supervivencias que el consumo de *Amanita muscaria* pudiera haber dejado en la cultura tradicional catalana. Dado que se trata de una sociedad que da mucha importancia a los hongos (la gente los conoce, se comen como manjar dotado de un carácter un tanto especial, actúan de profundos catalizadores emocionales, se organizan anualmente concursos de buscadores de setas, exposiciones, se publican muchos libros sobre el tema, etc.), y que en Cataluña crecen abundantes *Amanita muscaria* en los bosques del Pirineo y del pre-Pirineo, la asociación entre la micofilia y la matamoscas fue relativamente fácil. De la misma forma, en las zonas de la Península Ibérica donde no crece este hongo enteógeno a pesar de haber otros especímenes y muchos de ellos comestibles, la actitud tradicional es generalmente micófoba y de desprecio e ignorancia hacia los hongos.

Durante algunos años estuve recorriendo la geografía y las tradiciones catalanas buscando elementos culturales que me dieran indicación de la época histórica en que desapareció el conocimiento explícito del consumo y de los efectos embriagantes de la *Amanita muscaria*, pasando a considerarse un hongo venenoso. Los resultados me permitieron deducir que, con una interpretación optimista, este hongo fue consumido en ámbitos rurales marginales hasta las primeras décadas del siglo XX (pastores, carboneros, campesinos aislados, etc.). En principio pensé dejar la situación del estudio con estos resultados y así lo manifesté en la publicación original que se hizo de ello.

No obstante, algunos hechos puntuales me permitieron pensar que tal vez algunas personas pudieran mantener viva la tradición, o recordar algo más que lo que los datos bibliográficos y las informaciones etnográficas y folclóricas habían ofrecido hasta entonces.

Poco después de la publicación citada (me refiero a la versión original en catalán de este mismo texto, aquí traducido y corregido), estuve dando una conferencia en el pueblo de Berga (de unos 20.000 habitantes y situado en la parte meridional del pre-Pirineo catalán) y al acabar la exposición siguió un coloquio que para mi fue revelador. Al principio, las intervenciones del auditorio fueron en el sentido de negar el consumo actual de oronja falsa (ya que en cierta forma se relaciona con el carácter tabú de consumir cualquier substancia embriagante, excepto las bebidas alcohólicas). Acepté tal actitud de rehuso sin discutirla ya que yo mismo la había constatado en campañas de investigación anteriores. No obstante, en un momento determinado del coloquio se levantó un señor respetado y conocido por los habitantes de Berga, y me preguntó abiertamente sobre la forma de preparar el hongo para poder ser consumido sin problemas de intoxicación. Le respondí abiertamente la pregunta, y esta actitud franca por ambas partes fue la que actuó de catalizador sobre el resto del auditorio. Con gran sorpresa, pude verificar que casi todos los asistentes a mi charla conocían directamente los efectos embriagantes del hongo o habían oído hablar de ellos. Nadie consideraba la *Amanita muscaria* como un hongo realmente venenoso, a pesar del respeto que inspiraba, y a pesar de que su consumo estuviera también protegido por una prohibición con carácter de tabú.

Los substratos culturales que tiene toda sociedad y los fenómenos de obliteración de los símbolos son un tema que ha generado grandes discusiones teóricas entre los especialistas en el campo de la antropología, pero nunca creí que pudiera hallarlo en esta investigación concreta. Sin embargo, así fue. Poco tiempo tiempo después también conocí en Ripoll (otro pueblo pirenaico de unos 13.000 habitantes) un grupo de hombres autóctonos, aficionados a buscar hongos cada otoño, los cuales una vez al año hacían una comida campestre de setas entre los que mezclaban algunos ejemplares de matamoscas, sabedores de los efectos embriagantes de este espécimen fúngico.

II

La situación actual del consumo de *Amanita muscaria* en Cataluña, pues, es la de una supervivencia cultural que mantiene algunos lazos de conexión con la tradición -aunque muy desestructurados- en algunas partes de la geografía catalana (en los ámbitos montañosos de los Pirineos), y también tiene otras manifestaciones no menos importantes.

A) por un lado, repito, algunas personas habitantes de las zonas montañosas catalanas donde crece la falsa oronja conocen sus efectos embriagantes -sea por experiencia directa o sea por transmisión oral-, e incluso la ingieren ocasionalmente. Su consumo, no obstante, no obedece a motivaciones mágicas, sagradas o de culto, sino que se trata de un evento totalmente lúdico. Realmente, son muy pocas las personas que aun consumen *Amanita muscaria* con esta actitud tradicional, en cambio sí es importante el número de personas que habitan en ambientes montañosos donde cada otoño crece este espécimen fúngico, y que conocen perfectamente los efectos embriagadores del hongo aunque no lo hayan consumido nunca. En estas zonas de Cataluña, por ejemplo, y según he podido recoger en más de una ocasión, si alguien comienza a comportarse en cierta forma inhabitual después de una comida en la que se han ingerido hongos, el resto de comensales no suelen preocuparse demasiado por ello. Saben que probablemente se trate de una ingestión accidental de matamoscas o de otro hongo alucinógeno (*A. pantherina*) y que transcurridas algunas horas el efecto pasará.

Este grupo de población rural al que me refiero consumen *Amanita muscaria*, la preparan, o conocen los efectos enteógenos que produce como resultado de la supervivencia oculta de la tradición milenaria que se refiere a ello. Es impresionante verificar como por debajo de los distintos estratos culturales, resultado de la acumulación de diversos procesos de obliteración y enculturación habidos a lo largo de la historia (romanización, cristianismo con la inolvidable Inquisición, positivismo, industrialización, post-industrialización) aparece de nuevo una práctica que ha permanecido oculta durante siglos, incluso a los ojos de investigadores sociales.

B) en segundo lugar, el consumo actual en Cataluña se registra también en otro ambiente muy distinto al descrito. Después de la difusión de los alucinógenos de origen químico durante la década de los años 1960, por parte de la cultura llamada *hippie*, se puede afirmar que este interés por modificar químicamente los estados mentales y el conocimiento de los beneficios que se pueden obtener de ello, aunque de forma por ahora marginal quedó de nuevo definitivamente instalado en la sociedad industrializada. La clase política prohibió la producción y el consumo de alucinógenos, se organizó, y se organizan, todo tipo de campañas anti consumo de drogas, se confunde a la población penalizando bajo la misma etiqueta de "drogas" substancias cuya composición y efectos no tienen ninguna relación entre sí, etc. A pesar de todo ello, hay un pequeño módulo de la sociedad que se mantiene interesado en las substancias enteógenas, en su consumo y sus potenciales aprovechables para y por el ser humano. El interés hacia estas substancias embriagantes se contrapone a la legislación vigente punitiva en casi toda Europa, y la legislación tiene abundantes grietas ya que no puede -de momento- catalogar todas aquellas substancias que haya decidido prohibir por considerar alteradoras de la consciencia. Y entre las no prohibidas está la *Amanita muscaria*.

Así pues, en Cataluña, dentro de este grupo social informal, contemporáneo y muy diversificado interesado por el consumo de substancias enteógenas, desde hace unos años también se extiende el interés hacia éste hongo enteógeno como fuente de alcaloides embriagantes. Este espécimen tiene diversas ventajas: no está prohibido su consumo ni la experimentación, es natural y ecológico (y no se puede olvidar la importancia actual de este valor), es gratuito, ofrece un aspecto que puede ser engorroso (ir al campo en busca de los hongos) pero también puede convertirse en un motivo más de relación fraternal y amistosa, y muy especialmente ya existe suficiente información escrita sobre ello como para que no se trate de un consumo arriesgado a ciegas.

Estos consumidores en la Cataluña actual no tienen relación cultural con los anteriores. Este grupo, al que llamo B), ha aprendido a reconocer el hongo, a prepararlo y a distinguir sus efectos a través de canales que podríamos clasificar de académicos (libros, cursos de micología o de bioquímica, conferencias). A pesar de saber que hay una tradición viva sobre ello, habitualmente porqué lo han leído y este hecho les reafirma en el consumo de *Amanita muscaria*, no existe un contacto directo entre unos y otros. Las personas descritas bajo el epígrafe A) consumen el hongo en la forma tradicional, tal como lo han aprendido por vía tradición oral, reconocen sus efectos como divertidos y dan un carácter lúdico a su consumo. A diferencia, las personas que he agrupado bajo el epígrafe B) dan un carácter intelectual, más experimental y hasta de un cierto culto al consumo de la falsa oronja.

C) finalmente, la iconografía basada en la imagen de la *Amanita muscaria* está profundamente inmersa en la cultura catalana actual. En las ciudades, en los pueblos, en medios industriales o rurales, etc. es casi cotidiano hallar objetos, juegos, carteles, estampados de ropa, escaparates y demás basados en la imagen de este hongo embriagante. La inmensa mayoría de las personas que compran un pastel o cualquier objeto con la forma de este hongo, no son conocedoras del origen de la iconografía fúngica, pero la imagen es totalmente cercana y cargada de afecto para ellos.

La fabricación de objetos, habitualmente relacionados con la ilusión, la fantasía o la fiesta, que tienen la forma básica y el cromatismo inconfundible de la *Amanita muscaria* está orientada por el carácter profundamente familiar y desenfadado que los fabricantes saben que tiene para la sociedad catalana. Especialmente para los niños, aunque no son los únicos.

En este sentido se observa un fenómeno habitual en la antropología. Cuando un elemento de culto o sagrado pierde su importancia central para la sociedad que lo mantenía vivo, casi nunca suele perderse en la profundidad del tiempo y el olvido, sino que los símbolos y algunas prácticas que constituían la manifestación externa del culto o del elemento sacro, suelen pasar a formar parte del mundo lúdico de la sociedad que lo vivía. Así, es un fenómeno de obliteración conocido el hecho de que los niños jueguen con las imágenes de los dragones que en otras épocas de la misma sociedad habían constituido el mayor peligro social; o también está ilustrado cómo cierta orden cristiano-esotérica europea que usaba las cartas españolas como mecanismo sacro y oracular, las popularizó como elemento de juego de mesa para que no se perdieran en el olvido, cuando Inocencio III y sus sucesores combatieron esta orden militar y religiosa para imponer sus propios valores vaticanos, más apegados a los placeres corporales y al control social que al ascetismo y a la mística.

Las siguentes ilustraciones corresponden a representaciones contemporáneas de la *A. muscaria*. Todas las piezas forman parte de la colección privada del autor:

Fig. 26 *Cartel de anuncio de un comercio del casco antiguo de Barcelona.*
Fig. 27 *Hucha infantil de plástico. 19 cm. de altura.*
Fig. 28 *Cartel anunciante de la III Muestra de hongos realizada en la ciudad de Sabadell.*

Fig. 30 *Recipiente usable de salero o de pimentero de mesa. Cerámica de 11 cm. de altura.*
Fig. 31 *Fragmento de un delantal de cocina.*
Fig. 32 *Mango de madera usado para sostener la cuerda que sirve de juego a los adolescentes, especialmente las niñas.*

BIBLIOGRAFÍA CITADA

ALCOVER-MOLL, 1968, *Diccionari català-valencià-balear*, Palma de Mallorca, Moll.

AMADES, Joan, 1980, *Folklore de Catalunya* (Costums i creences), Barcelona, Selecta.

ARBOIS DE JUVAINVILLE, H. d', 1981, *El ciclo mitológico irlandés y la mitología céltica*, Barcelona, Visión Libros.

BALLÚS, C., *et al.*, 1975, *Compendio de psicofisiología*, vols. I y II, Barcelona, Universidad de Barcelona.

BATISTA I ROCA, Josep M., et al., s.a., *Costums de Catalunya*, Vilanova i la Geltrú, Institut Gràfic de Vilanova (tirada numerada y de lujo, sin paginación).

BLÁNQUEZ, Agustín, 1960, *Diccionario latino-español*, Barcelona, Ramón Sopena.

BOAS, Franz, 1964, *Cuestiones fundamentales de antropología cultural.* Buenos Aires, Solar.

BRYCE BOYER, L., 1976, "El chamanismo y el uso del peyote entre los apaches de la reserva de los indios mescalero" en Michael Harner. *Alucinógenos y chamanismo*, Madrid, Guadarrama.

BUXÓ REY, Ma. Jesús, 1980, "Antropología cognitiva y ecología biocultural", *I Congreso Español de Antropología. Actas*, vol. I, Barcelona, Secretaría del congreso.

CABAL, Constantino, 1931, "Mitología asturiana" en "Mitología de la Península Ibérica", de la redacción *Folklore y costumbres de España*, Madrid, Alberto Martín.

CALLAWAY, Henri, 1868, *Nursery Tales and Traditions of the Zulus*, Londres.

CALLAWAY, James C., 1994, "Betacarbolinas endógenas y otros alcaloides indólicos en los mamíferos", en *Plantas, Chamanismo y Estados de Consciencia*, pág. 197-229, Libros de la Liebre de Marzo, Barcelona.

CAMPBELL, Joseph, 1980, *El héroe de las mil caras. Psicoanálisis del mito*, México, Fondo de Cultura Económica (edición original inglesa, 1949).

CARNEIRO, R. L., 1970, "Hunting and Hunting Magic among the Amahuaca of the Peruvian Montaña" en *Ethnology*, vol. IX, Nueva York.

CARROLL, Lewis [Charles Lutwige Dodgson], *Alícia en terra de mercavelles*, Barcelona, Mentora (traducción catalana de Josep Carner).

CASHMAN, John, 1975, *El fenómeno LSD*, Barcelona, Plaza y Janés.

CASTANEDA, Carlos, 1974, *Una realidad aparte*, México, Fondo de Cultura Económica.
- 1975, *Viaje a Ixtlan*, México, Fondo de Cultura Económica.

CETTO, Bruno, 1979, *Guía de los hongos de Europa*, Barcelona, Omega.

COROMINES, Joan, 1980-81, *Diccionari etimològic i complementari de la llengua catalana*, Barcelona, Curial y La Caixa.

DARWIN, Charles R., 1955, *El viaje del Beagle*, Barcelona, Fama (traducción y prólogo de R. Sangenís).

ELIADE, Mircea, 1979, *Fragmentos de un diario*, Madrid, España-Calpe.
- 1982, *El chamanismo y las técnicas arcaicas del éxtasis*, México, Fondo de Cultura Económica.

ENDE, Michael, 1982, *Historia interminable*, Barcelona, Círculo de Lectores.

ESCOHOTADO, Antonio, 1992, *Para una fenomenología de las drogas*, Biblioteca Mondadori, Madrid.

EUGSTER, C. H., 1967, *Isolation, Structure and Syntheses of Central-active Compounds from Amanita Muscaria* (L. ex Fr.) Hooker, San Francisco, Efron.

FERICGLA, Josep M., 1982, "Reflexió sobre els proverbis dins la tradició oral", *Comentaris d'Antropologia Cultural*, Barcelona, Universidad de Barcelona.
- 1989, *Los estados alterados de la consciencia y la cultura como sistema dinámico*, cuadernos de Antropología núm. 9, Anthropos, Barcelona.
- 1994 a, *Els jívaros, caçadors de somnis*, La campana, Barcelona. (versión castellana en ed. Integral).
- 1994 b, "Delirios, cultura y pruebas de realidad", en *Revista de Psiquiatría*, Facultad de Medicina, Universidad de Barcelona, Nº 21-4, Barcelona.
- 1994 c, "¿Alucinógenos o adaptógenos inespecíficos?", en *Plantas, Chamanismo y Estados de Consciencia*, pág. 231-252, Libros de la Liebre de Marzo, Barcelona.

FONT QUER, Pius, 1983, *Plantas medicinales. El Dioscórides renovado*, Barcelona, Labor (8a. edición).

FRAZER, Sir James George, 1974, *La rama dorada*, México, Fondo de Cultura Económica.

FREUD, Sigmud, 1984, "El porvenir de una ilusión", *Obras completas*, vol. I, Madrid, Biblioteca Nueva (traducción de Luis López-Ballesteros).

FURST, Peter, T., 1972, *Flesh of the Gods: The Ritual Use of Hallucinogens*, Nova York, Praeger.
- 1980, *Alucinógenos y cultura*, México, Fondo de Cultura Económica.

GARCÍA DE DIEGO, Vicente, 1954, *Antología de leyendas de la literatura universal*, Barcelona, Labor.

GOETHE, Johann Wolfgang, 1938, *Faust*, Badalona, Edicions Proa (traducción de J. Lleonart).

GRAVES, Robert, 1980, *Los dos nacimientos de Dionisio*, Barcelona, Seix Barral.

GRIERA, 1979, *Tresor*. Citado en VIOLANT, 1979.

GRIÑÓ, David, 1977, *Llibre dels bolets*, Barcelona, Millà.

GUILLAMENT, Joan, 1983, *Bruixeria a Catalunya*, Barcelona, Ediciones del Cotal.

HOFSTADTER, Douglas R., 1982, "Temas metamágicos", *Investigación y Ciencia*, núm. 69, junio, Barcelona.

INGALLS, Daniel H., 1971, "Remarks on Mr. Wasson's Soma", *Journal of the American Oriental Society*, vol. XCI, Nova York.

JOCHELSON, W. V., 1908, " The Koriak", incluido en "Pacific North Jesup Expedition" en *Memorias del Museo de Historia Natural de los Estados* Unidos, vol. IV, Nueva York.

JUNG, Carl Gustav, 1954, *Tipos psicológicos*, Buenos Aires, Sudamericana.
- 1981, *El Hombre y sus símbolos*, Barcelona, Luis Caralt.

KLEIN, Ernest, 1967, *A Comprehensive Etymological Diccionary of the English Language*, Londres/Nova York, Elsevier Publishing C.

LA BARRE, Weston, 1970, "Old and New World Narcotics: A Statistical Question and an Ethnological Reply" en *Economic Botany*, Nueva York.

LÉVI-STRAUSS, Claude, 1962, *Le totémisme aujourd'hui*, París, Presses Universitaires de France.

LLARCH, Joan, 1982, *Gaudí. Biografia mágica*, Barcelona, Plaza y Janés.

LLUÍS, Joan, 1979, *El meu Pallars*, Barcelona, Barcino.

MAS, Sergi, 1981, *Cassigalls*, Andorra, Filfon.

MESTRES, Apelles, 1907, *Liliana*, Barcelona.
- 1979, *Tradicions*. Citado en VIOLANT, 1979.

Memorias de la Real Academia de Ciencias de Barcelona, 1960, Barcelona.

MUNN, Henry, 1976, "Los hongos del lenguaje" en Michael HARNER, *Alucinógenos y chamanismo*, Madrid, Guadarrama.

MURRAY, Margaret A., 1978, *El culto a la brujería en Europa medieval*, Barcelona, Labor.

OTT, Jonathan, 1994, "La historia de la planta del Soma después de R. Gordon Wasson", en *Plantas, Chamanismo y Estados de consciencia*, Libros de la Liebre de Marzo, Barcelona, pág. 117-150.

OVIDI, Nasonis, 1929, *Les Metamòrfosis*, Barcelona, Fundació Bernat Metge (traducción catalana de Adela M. Trepat).

PLA, Josep, 1980, "Homenots" en *Obra completa*, vol. XI, Barcelona, Destino.

PUECH, Henri-Charles, *et al.*, 1981, *Las religiones en los pueblos sin tradición escrita*, Madrid, Siglo XXI.

PUJIULA, Jordi, 1983, *Bruixes, dimonis i follets a la Garrotxa*, Olot, Aubert Impressor.

ROBERT, Mestre, 1977, *Llibre del coch del Mestre Robert*, Barcelona, Curial (facsímil de la edición de 1520).

ROTH, W. E., 1915, *An Inquiry into the Animism and Folklore of the Guiana Indians*, Washington D. C.

RUCK, Carl A. P., *et al.*, 1979, *Journal of Psychedelic Drugs*, vol. II, núms. 1-2, Nueva York.

SAPIR, Edward, "Symbols" en *Encyclopedia of the Social Sciences*, vol. XIV, Nueva York, MacMillan.

SCHULTES, Richard Evans, 1972, "An Overview of Hallucinogens in the Western Hemisphere" en FURST (1972 : 3-54).
- y HOFMANN, Albert, 1982, *Plantas de los dioses*, México, Fondo de Cultura Económica.

SERRA I BOLDÚ, Valeri, 1924, *La rondalla del dijous*, Barcelona.

SOUSTELLE, Jacques, 1969, *Los cuatro soles. Origen y ocaso de las culturas*, Madrid, Guadarrama.

SPERBER, Dan, 1978, *El simbolismo general*, Barcelona, Promoción Cultural.

TORRENT I GARRIGA, Domingo, 1902, *Las leyendas de mi pueblo*. Vic, Imprenta de la Viuda de R. Anglada.

TURNER, Victor, 1980, *La selva de los símbolos*, Madrid, Siglo XXI.

TYLOR, Edward Burnett, 1977, *Cultura primitiva*, vol. I, Madrid, Ayuso.

VIOLANT I SIMORRA, Ramon, 1979, *Obra oberta*, 2, Barcelona, Alta Fulla.
- 1981, *Etnologia pallaresa*, la Pobla de Segur, Escudella-2.

WARNER, W. L., 1959, *The living and the dead*, New Haven, Yale University Press.

WASSER, Peter G., 1967, *The Pharmacology of Amanita muscaria*, San Francisco, Efron.

WASSON, Robert Gordon, 1957, *Mushroom, Russia and History*, Nova York, Pantheon Books.
- 1968, *Soma, Divine Mushroom of Immortality*, Nueva York, Harvest (HB) Books.
- *et al.*, 1980, *El camino a Eleusis*, México, Fondo de Cultura Económica.

WEIL, Andrew, 1974, *La mente natural*, México, Extemporáneos.